THE AK-47：Osprey Weapon Series
AK-47ライフル
最強のアサルト・ライフル

ゴードン・ロットマン 著
床井雅美 監訳
加藤喬 訳

並木書房

はじめに

　多くの銃器が歴史に重要な影響を与えた。ウィンチェスター・ライフルとコルト・リボルバー・ピストルはアメリカ西部を征服した。エンフィールド・ライフルは大英帝国を維持・防衛し、クラッグ・ヨルゲンセン・ライフルは文明をもたらした。モーゼル・ライフルは第2次世界大戦で世界制覇を狙ったが、アメリカのM1ガーランド・ライフルによって阻止された。

　M16ライフル（アーマライトAR-15）は、戦後世代の代表的なライフルとなり、そのライバルはいささか不格好なロシア製アサルト・ライフルだった。

　それは、オートマチック・カラシニコフ・モデル1947、通称「AK-47」である。「カラシニコフ」または「カラッシ」とも呼ばれ、AK-47の名は最初の生産モデルに与えられたものだ。

　同型のライフルは、ロシアだけでなく世界中でさまざまなコピー製品が製造され、それぞれが異なるモデル名で呼ばれている。しかし名称に関わりなく、AKライフル・シリーズが、主要な通常戦争からギャング抗争にいたるまで、現代の紛争に必ずと言ってよいほど登場する銃器のイメージとして確立されたことは確かだ。

AK-47ライフル（カラシニコフ）とその派生型は、それなりの欠陥と性能的限界を抱えており、兵器として完璧ではない。だが、AK-47ライフルは、アサルト・ライフルと分類される軍用ライフルの最も典型的な製品である。事実、AK-47ライフルは、「アサルト・ライフル」と呼ばれる武器分類の基準を打ち立てた製品の１つでもある。

　AK-47ライフルとその派生型は、ほかのどんな小火器よりも数多く製造されている。ロシア製のオリジナルに加え、海外でコピーされたり、ライセンス生産されたりした製品を総計すると7500万挺と推定される。

　このほか改良型のAKアサルト・ライフルや派生型軽機関銃タイプのRPK、狙撃銃、さらに発展型のサブマシンガンが2500万挺ほど存在する。世界でこれに次ぐ生産量のアサルト・ライフルはアメリカのM16ライフルとその派生型だが、製造総数は800万挺あまりにとどまる。

　基本設計が1947年に採用されて以来、AK-47ライフルは少なくとも20カ国で作られ、多くの国でいまも製造が続けられている。第２次世界大戦直後に制式となってすでに70年以上が経過している。この現役期間も戦後の軍用小銃が達成した最長記録である。今後も長く使い続けられ、その期間をさらに更新するだろう。AK-47ライフルのライバル製品の多くは、1960年代初頭以降に登場した比較的新しいライフルだ。

　当初ロシアに侵攻したナチスドイツを駆逐し、ソビエト連邦を防衛する武器として開発が始められたカラシニコフ・ライフルは、抵抗と反西欧イデオロギーのシンボルともなった。AK-47ライフルは、現在までに世界中の少なくとも80の軍隊と何百

インドネシアのアチェ州ピディ地区のジャングルでAK-47ライフルを自慢する訓練中のアチン人少年兵。本来ロシア赤軍の個人武器として設計されたが、構造が単純かつ堅牢で、使い勝手のよいカラシニコフは、第三世界の紛争において定番のアサルト・ライフルになった。(AFG)

AK-47ライフルで武装した北ベトナム陸軍の兵士。信頼性が高く、長期間使用されても作動に影響が少ない。1973年、4カ国軍法委員会によって行なわれた戦争捕虜交換時の写真。(米国防総省)

というゲリラ、反政府グループ、民兵組織、テロリスト集団、そして犯罪組織によって使用されている。

　AK-47ライフルを讃える意見は批判する意見と同様に多い。性能上の限界にもかかわらず、AK-47ライフルは大小さまざまな武力衝突で多大な影響を与えてきた。戦闘で発揮したインパクトとは別に、カラシニコフは国や文化のシンボルともなった。人々を解放し現指導者を権力の座に押し上げたAK-47ライフルを、その社会が重要視しているというメッセージである。

目　次

はじめに　1

第1章　アサルト・ライフルの誕生　10

黎明期のアサルト・ライフル／ドイツの新型武器「マシン・カービン」／「マシン・カービン」から「マシン・ピストル」へ／短小弾薬のメリット／ドイツの短小弾薬と同一の7.62mm×39弾薬／ソビエトの7.62mm弾薬と7.62mmNATO弾薬の違い／7.62mm×39弾薬の威力

第2章　AKアサルト・ライフル　36

姿を消す競合ライバル／意図的に「公差」を大きくとった設計／部隊全体の火力を増大させた／AK-47ライフルの技術的特徴／3タイプのAK-47ライフル／AKMアサルト・ライフルの開発／AKMライフルの特徴／RPK分隊支援機関銃の開発／AKライフル榴弾発射器

第3章　AK-74アサルト・ライフル　76

新型小口径弾薬の開発／進化する5.45mm×39弾薬／AK-74アサルト・ライフルを採用／AK-74ライフルの派生型／AK-74アサルト・ライフルの特徴／AKS-74ライフルの派生型

第4章　AK100シリーズ・ライフル　94

輸出専用の改良型AKライフル／増えるAK-100のライセンス生

産／AK派生型ライフル／汎用性の高いカラシニコフ・システム

第5章　AKライフルの使い方　104

全自動火力を重視するソビエト軍／AKライフルの照準方法／
AKライフルの射撃と分解法

第6章　世界の戦場へ　116

AK-47ライフルの配備／「反帝国主義者」のライフル／中東全
域に浸透したAKライフル／AKライフルで武装した少年兵／南
米のAKライフル

第7章　AKライフルの対空射撃　138

ＡＫ-47ライフルの標準的な射撃法／AKライフルの対空射撃
法／7.62mm口径か、5.45mm口径か？／頑丈なAKライフル／
7.62mm弾薬の威力

第8章　AK-47 vs M16　156

実戦で証明されたAKライフルの威力／AK-47ライフル対M16
ライフル／5.56mm弾薬よりはるかに大きな破壊力／ベトナム
戦で実証されたAKライフルの性能／M16ライフルをしのぐAK
ライフルの実力

第9章　人民のアサルト・ライフル　176

「カラシニコフ・カルチャー」／「世界を変えた製品」に選ばれ

る／AKライフルの輸入は止まらない／AKライフルはニワトリ
１羽の値段？／後継銃ＡＮ-94ライフルは生産中止／「カウン
ター・リコイルAK」の開発

[コラム]

カラシニコフ・アサルト・ライフル使用国リスト　9

ミハエル・カラシニコフ　22

7.62mm×39 M1943弾薬　34

AK-47ライフルとAK-47SライフルⅢ型の諸元　51

AKMとAKMSアサルト・ライフルの諸元　62

RPKとRPKS分隊支援機関銃の諸元　70

5.45mm×39弾薬　79

AK-74、AKS-74ライフルとAKS-74uサブマシンガンの諸元　87

RPK-74とRPKS-74分隊支援機関銃の諸元　92

AKMライフル、Ｍ16Ａ１ライフル、Ｍ14ライフルの諸元　173

AK-74Mライフル、Ｍ4カービン、Ｍ14Ａ４ライフルの諸元　174

参考文献　195

監訳者のことば　196

訳者あとがき　200

カラシニコフ・アサルト・ライフル使用国リスト
(AK-47、AKM、AK-74、AK-100および派生型)

(AKを警察、特殊部隊、民兵組織のみで使用している国は
含まない。AKおよび派生型を製造している国は※で示す)

アフガニスタン
アルバニア※
アルジェリア
アルメニア
アゼルバイジャン
バングラデシュ
ベラルーシ
ベナン
ボツワナ
ブルガリア※
カンボジア
カーボベルデ
中央アフリカ共和国
チャド
チェチェン
中国※
コモロ
コンゴ共和国
キューバ
コンゴ民主共和国（旧ザイール）
東ドイツ※（過去に製造）
エジプト※
エストニア
ナミビア
赤道ギニア
エチオピア※
フィンランド※
ガボン
グルジア
ギニアビサウ
ガイアナ
ハンガリー※
インド※
インドネシア
イラン※
イラク※（過去に製造）
イスラエル※
ヨルダン
カザフスタン
キルギスタン

ラオス
レソト
リベリア
リビア
マダガスカル
マリ
モルドバ
モンゴル
モロッコ
モザンビーク
ナイジェリア※
北朝鮮※
パキスタン※（手製）
ペルー
ポーランド※
カタール
ルーマニア※
ロシア（USSR）※
サントメ・プリンシペ
セルビア※
セイシェル
シエラレオネ
スロバキア
ソマリア
南アフリカ※
スリランカ
スーダン※
シリア
タジキスタン
タンザニア
トーゴ
トルクメニスタン
ウクライナ
ウズベキスタン
ベネズエラ※
イエメン
ユーゴスラビア※
ザンビア
ジンバブエ

第1章
アサルト・ライフルの誕生

セルビアのショーシャイ村付近の陣地を守るプレシェヴォ・メドヴェジォ・ブヤノヴァツ解放軍のアルバニア人兵士。中国製のAKMである56式ライフルを構えている。2001年、ユーゴスラビアで撮影。(David Greedy)

黎明期のアサルト・ライフル

　一般的にアサルト・ライフルとは、全自動（フルオート）射撃と半自動（セミオート）射撃の切り替えが可能で、中間サイズの弾薬（小銃弾より小さく、拳銃弾より大きい）を使用し、大容量（20〜30発）の着脱式マガジンを備えたコンパクト・ライフルのことをいう。

　基本的にピストル・グリップの有無や着剣装置、消炎器、マズル・ブレーキなど性能向上のためのアクセサリーの有無は、アサルト・ライフルの分類を決定する特徴ではない。

　AK-47ライフルは、現在まで最も広範に使用されたアサルト・ライフルだが、史上初のアサルト・ライフルではなかった。

　旧ソビエト連邦／ロシアの最も初期のアサルト・ライフルに準じた製品の1つが、6.5mm口径のフェドロフM1916オートマチック・ライフルだ。ウラジミール・G・フェドロフ（フェドロフと誤って発音されることが多い）によって設計され、成功

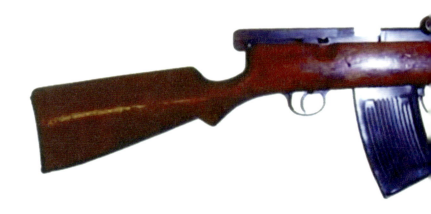

作とは言いがたいものの、フルオート射撃とセミオート射撃の切り替え機能を備えていた。

同ライフルは、小銃弾として当時、最も弱装弾薬の1つであった日本の6.5mm×50SR弾薬（30年式弾薬）を使用した。射撃反動が少なく、全自動射撃時のコントロールが容易であり、脆弱な作動メカニズムにかかる負担も少なかった。

だが、フェドロフM1916オートマチック・ライフルは製造コストが高いうえ、信頼性に欠け、壊れやすかった。そのため、1916年から24年にかけての短期間に若干数が生産されただけだった。にもかかわらず、ソビエト赤軍はフィンランド・カレリヤ地域での冬戦争（1939〜40年）や第2次世界大戦初期に少数ながらこのライフルを使用している。

全・半自動切り替え可能であること、全長が短いこと、25発の着脱式マガジンと前方グリップを装備していること、そしてライフル弾薬ながら短小弾薬に準じた弱装弾薬を射撃することなどから、フェドロフM1916オートマチック・ライフルはアサ

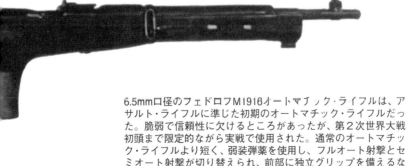

6.5mm口径のフェドロフM1916オートマチック・ライフルは、アサルト・ライフルに準じた初期のオートマチック・ライフルだった。脆弱で信頼性に欠けるところがあったが、第2次世界大戦初頭まで限定的ながら実戦で使用された。通常のオートマチック・ライフルより短く、弱装弾薬を使用し、フルオート射撃とセミオート射撃が切り替えられ、前部に独立グリップを備えるなど、今日のアサルト・ライフルに準じた特徴を備えていた。

アサルト・ライフルの誕生　13

ルト・ライフルに準じたライフルといえる。

　ソ連は1936年から40年にかけて、通常ライフル用の7.62mm×54弾薬を使用するセミオートマチック・ライフルとフルオート射撃も可能なライフルを何種類か生産・配備した。着脱式の15連箱型マガジンを装備したシモノフ・オートマチック・ライフルAVS-36や10連容量マガジンを装備したトカレフ・セミオートマチック・ライフルSVT-38、トカレフ・セミオートマチック・ライフルSVT-40などだ。

シモノフ・オートマチック・
ライフルAVS-36 (Atirador)

トカレフ・セミオートマチック・
ライフルSVT-40 (Drake)

14

ドイツの新型武器「マシン・カービン」

同時期、ドイツではモーゼルとワルサーが別個の設計になる7.92mm×57口径ゲベアー41（Gew.41）を開発した。

両社のセミオートマチック・ライフルはともに採用され、モーゼル社案にGew.41（M）、ワルサー社案にGew.41（W）の制式名が与えられた。両者は限定的ながら生産され、部隊配備された。その後、ワルサー社は改良を加えたGew.43を開発し、第2次世界大戦中にGew.41の2機種より広範に使用された。これ

上：ワルサーGew.41セミオートマチック・ライフル、下：モーゼルGew.41セミオートマチック・ライフル（スウェーデン陸軍博物館）

アサルト・ライフルの誕生　15

らのライフルは、いずれも半自動射撃のみのセミオートマチック・ライフルで、アサルト・ライフルには分類されない。

第2次世界大戦中にドイツで行なわれた研究によると、歩兵間戦闘の多くは400メートル以下の距離で行なわれ、強力なライフル弾薬は不要とされた。攻撃でも防御でも、敵は弾丸を防ぎ、姿を隠せる遮蔽物を利用しながら移動し、射撃を続ける。移動する敵を攻撃するには短時間に火力を集中する制圧射撃能力が不可欠だったのだ。

過去の歩兵同士の戦いとは異なり、第2次世界大戦では遠方のターゲットを一発必中で仕留める射撃はほとんど必要とされなかった。遠距離での交戦には、主にマシンガン（機関銃）が用いられた。

この戦闘の変化を反映させ、ドイツは短射程の7.92mm×33（7.92mmクルツ〔短〕）弾薬の研究に着手し、1940年に基本弾薬を完成させた。開発当初、秘匿目的のために、この弾薬は7.92mmの口径表示を入れず、単にピストル弾薬と呼ばれた。

7.92mm×33弾薬を使用する新型武器の要求性能は、1938年4月にドイツの有力な小火器メーカーに提示された。新型武器はマシーネン・カラビナー（マシン・カービン）と名づけられ、その略称をMKbとした。主要な開発はワルサー社とハーネル社が行なった。ワルサー社の試作品はMKb.42（W）、ハーネル社の試作品はMKb.42（H）と命名された。

2社の試作ライフルは限定的に生産され、戦場に投入されて実戦評価された。その結果、ハーネル社設計のMKb.42（H）のほうがワルサー社設計のMKb.42（W）より優れていると判定された。

「マシン・カービン」から「マシン・ピストル」へ

1942年1月、東部戦線の要衝ホルムがソビエト赤軍に包囲され、5500人のドイツ軍守備隊が激しい攻撃にさらされた。1942年4月、ドイツ軍は保管していた50挺のMKb.42（H）のうち35挺をホルム守備隊に向けてパラシュートで投下した。短小弾薬は軽量でマガジンの装弾数を多くすることができ、フルオート射撃をしながらの突撃射撃が可能になる。

この戦場の接近戦で新型武器がきわめて有効なことが実証された。ホルム包囲戦は5月まで続き、生き延びたドイツ兵はわずか1200人だけだった。MKb.42（H）が投入されなかったら、生存者数はさらに少なくなっていただろう。

ワルサー社のMKb.42（W）とハーネル社MKb.42（H）のモデルは最終的にそれぞれ7800挺ほど生産された。これらの新型兵器は東部戦線において試験的に使用され、将兵の評価は良好だった。ハーネル社のMKb.42（H）は同社の技術者ヒューゴ・シュマイザー[原注1]がほぼ単独で設計した。戦後、彼はソビエトに強制連行され、AK-47ライフル開発の一部に携わったとされる。

（原注1：ヒューゴ・シュマイザー〔1844〜1953年〕は、よく誤解されるが、MP.38シュマイザーとMP.40マシン・ピストルの設計者ではない。父親のルイス・シュマイザー〔1848〜1917年〕は、1917年に世界初の機関銃であるMP.18/Iを設計した人物）

アドルフ・ヒトラーは7.92mm口径のマシン・カービンに批判的で、1943年に生産を禁じたとされるが、実際はやや異なっていた。ヒトラーは、わずかな性能向上と引き換えに実績ある制

アサルト・ライフルの誕生　17

バラライカで武装したソビエト赤軍兵。第２次世界大戦後半、ソビエト赤軍は小規模部隊のほぼ全員をサブマシンガンで武装させた。写真のサブマシンガンはPPSh-41、通称「バラライカ」（監訳者注：日本軍はマンドリンと呼んでいた。いずれもその独特な射撃音から名づけられている）。至近距離でのフルオート火力は、屋内や森林における接近戦および敵防御施設の掃討作戦、夜間パトロールなどで極めて有効だったが、拳銃弾を使うため射程が短く、貫通能力も劣っていた。（Nik Cornish）

MP.43などで武装しボートに乗るドイツ兵。ドイツの7.92mm口径のMP.43やMP.44、StG.44（監訳者注：いずれも同型で、理由は定かでないものの第2次世界大戦中にドイツ軍の制式名が3度変更された）は、アサルト・ライフルという新しい兵器カテゴリーを確立させた。これがのちのAK-47ライフルの設計に多大な影響を与えた。(Nik Cornish)

式武器の生産が遅延するのを恐れ、すべての新型小火器の生産計画を中断し、現用のサブマシンガンと機関銃（マシンガン）の生産に全力を傾けるよう指示したという。同時にヒトラーは、限界に近かった兵站機能が新弾薬の導入で煩雑になり、麻痺することも懸念したという。

しかし、戦場での「マシン・カービン」（MKb.42）の評判がきわめてよいことから、陸軍兵器局はこれを「マシン・ピストル」（MP.43）と改称し、量産に踏み切った。MP.43の製造は事後承諾だったわけで、配備が始まった改良型MP.44は、1944年12月にStG.44（スチューム・ゲベアー44：アサルト・ライフル44）と再度名称が変更されている。

ヒトラー本人が「アサルト・ライフル（突撃銃）」の命名者だとする説もあるが、真偽のほどは疑わしい。名称変更命令に署名した可能性はあるものの、「アサルト・ライフル」はおそらく陸軍兵器局による造語であろう。

AK-47をデザインするにあたり、開発者のカラシニコフがド

イツ製のアサルト・ライフルを一度も見ていないとする主張があるが、これは正しくない。AK-47ライフルの設計開始時期は1944年であり、すでに当時、相当数のドイツ製アサルト・ライフルがソビエト赤軍の手に渡っていた。戦場でMP.44など、アサルト・ライフルの威力を直接体験したソビエト赤軍の情報や、鹵獲されたドイツ製アサルト・ライフルへのアクセスをカラシニコフも認められていたはずであり、これらの武器を高く評価したと思われる。

アサルト・ライフルの誕生　21

ミハエル・カラシニコフ：AK-47ライフルの生みの親

　AK-47ライフルの開発者ミハエル・カラシニコフは、天賦の才能を持ったジョン・ブローニングのような銃器設計者ではなかった。カラシニコフは正規の教育を受けたエンジニアですらなかった。

　「ミーシャ」の愛称があるミハエル・チィモフェビッチ・カラシニコフは、極東シベリアのクリヤ村で1919年11月10日に生まれた。共産党の過激主義者がロシアを支配するようになり、カラシニコフ一家は土地や農機具を所有していたため富農のレッテルを貼られた。1932年、集団農場化政策に抵抗したとして告発され、一家はシベリアのニージニャヤ・モホヴァヤの流刑地に追放された。カラシニコフと友人は秘密裏にブローニング拳銃を手に入れたが、この重罪行為を当局の知るところとなり苦境に追い込まれた。官憲の追及に対し所持を否定し続けるうち、カラシニコフは銃のメカニズムに強い関心を抱くようになった。

　繰り返される警察の嫌がらせに業を煮やし、カラシニコフは2度にわたり流刑地から脱走。1936年になりようやく鉄道技師見習いとして採用され、修理工場での仕事を通じて機械工学の才能に目覚めた。

　1938年に徴兵され、機械分野の知識・技能から赤軍の戦車兵となるが、間もなく技術畑に配置転換となった。ここで彼は戦車砲弾の計数器やエンジン性能計測装置、ハッチを開けずに敵兵を射撃できるピストル用マウントなどを開発した。かつて富農の息子の烙印を押されたカラシニコフは共産党員になり、人生が大きく変わっていった。

　1941年6月、ドイツ軍はロシアに侵攻。カラシニコフは第12戦車師団所属のT-34戦車の車長を務めていたが、同年10月、任務遂行中に負傷した。療養中、兵士が現用歩兵ライフルに不満を持っていることを聞き知り、ファシスト侵略軍を母国から駆逐し、将

来の侵略者から祖国を防衛するための新しい軽量自動火器の設計を決意した。

1942年初頭からサブマシンガンの開発に取りかかり、試作品が軍の最終審査まで残った。結果的には不採用だったものの、カラシニコフはこの過程で多くのことを学び、軍事工学の勉強を続けるチャンスを与えられた。

間もなくセミオートマチック・カービンの開発に取り組む。このセミオートマチック・カービンも採用には至らなかった。しかし、意欲に燃える銃器設計者は2度の失敗にも諦めず、1954年に新型オートマチック・ライフルの設計に着手する。これが後年のAK-47ライフルにつながった。

カラシニコフ小銃とポーズをとるミハエル・カラシニコフ。1994年撮影（Epix/Sygma）

1949年以降、カラシニコフはモスクワの東970キロに位置するイジェブスク市に居住し、ここで銃器の設計を続けた。イジェブスク市は、第2次世界大戦中に一大武器生産拠点となった都市である。彼は結婚し3人の子供を授かった。現役引退後、イジェブスク市でひっそりと生活していたが、最初に出国を許された1990年の訪米を機に変化が訪れる。

スミソニアン博物館の小火器専門家エドワード・C・イーゼル博士の発案で、カラシニコフはM16ライフルの開発者ユージン・ストーナーと面談し、現代銃砲開発者の記録をビデオ撮影することになった。面談だけでなく、ウエストバージニア州の射撃クラブの射場で、FBIが用意したライフルで互いに試射まで行なった。

右からユージン・ストーナー氏、ミハエル・カラシニコフ氏、同行のロシア語通訳者、エドワード・イーゼル博士。1990年撮影（Jimbo）

　これを機会に、西側におけるカラシニコフの知名度がセールスにつながることを理解したロシア政府は、彼を武器輸出プロモーターに任命。運転手兼アシスタントを随行させるなどの特権を与え、その後の西側諸国訪問も許可した。

　カラシニコフは自分の発明が邪悪な目的に使われたことを認めたうえで、AK-47ライフルを設計した理由について、一貫して母国ロシアを守るためだったと主張した。

　M16ライフルの特許使用料として、ストーナーが1挺につき約1ドルの支払いを受けたのに対し、カラシニコフはAK-47ライフルの開発による私的な利益をまったく得ていない。国家への貢献は、名誉少将、続いて中将に昇進（欧米軍隊での少将に相当）したことで報われた。

（カラシニコフに授与された勲章）
社会主義労働英雄賞（2回）／スターリン国家賞／レーニン賞／レーニン勲章（3回）／ロシア連邦国家賞／赤旗勲章／労働赤旗勲章／赤星勲章

短小弾薬のメリット

　AKライフル・シリーズの開発を語る前に、使用される弾薬について理解しなければならない。AKライフル・シリーズでは主に３種類の弾薬が使われる。最も一般な弾薬が7.62mm×39弾薬で、5.45mm×39弾薬がそれに続く。２つの弾薬はともにソビエトで設計された。

　３つ目の弾薬は、M16ライフルなどで使われる米軍／NATO軍制式の5.56mm×45弾薬だ。この弾薬を使用するAKライフル・シリーズは主に輸出向けに製造されている。このほか外見をAKライフルに似せた.22口径ロング・ライフル（5.6mm）リムファイア弾薬を使用するライフルもある。

　1942年、ソビエト武器当局は、短小弾薬（中間弾薬）を採用[原注2]すれば、歩兵が軽量小型の全自動火器で武装できると結論づけた。短小弾薬は基本的に短縮されたライフル弾で、従来の歩兵用ライフルやマシンガンの弾薬より威力は劣るが、拳銃やサブマシンガンの弾薬よりも強力で射程が長い弾薬をいう。

　　（原注２：よく知られる短小弾薬〔中間弾薬〕には、このドイツの7.92mm×33〔7.92mmクルツ（短）〕や7.62mm×39弾薬のほか、7.62mm×45〔チェコ・ショート〕、.280/30ブリティシュ NATO コンテンダー、M16ライフルなどで使用されるUS/NATO 5.56mm×45、ソビエトのAK-74ライフルで使用される5.45mm×39などがあり、その性能から見て.30カービン弾薬も加えられる。短小弾薬〔中間弾薬〕が各国の制式ライフルと分隊支援マシンガンに用いられるようになった今日、短小弾薬という呼び方はあまり使われなくなった）

アサルト・ライフルの誕生　25

ソビエト軍の場合、7.62mm×39弾薬はライフルやマシンガンで使用され、7.62mm×54R弾薬と、ピストルやサブマシンガンで使用される7.62mm×25弾薬の中間に位置する。

　短小弾薬（中間弾薬）はフルパワーのライフル弾薬に及ばないものの、現代戦の歩兵の交戦距離とされる300〜500メートルで十分な威力を発揮する。従来のライフル弾に比べると反動が少ないので、軽量の銃でもフルオート射撃をコントロールできる。さらに弾薬自体が軽量なので、兵士の負担を増大させずに携行弾薬量を増加できる。

　1930年代からソビエトは、フルパワーの7.62mm×54R弾薬を使用する10発容量マガジン装備のオートマチック・ライフルやセミオートマチック・ライフルを数種類、開発してきた。これらのライフルは、ソビエト軍で50年近く使われてきたボルトアクション式のモシン・ナガン小銃の代替になる計画だった。しかし、7.62mm×54R弾薬の射撃反動は自動銃の脆弱な作動メカニズムには強力すぎたため、計画は難航した。

　強い射撃反動に耐えるようメカニズムを堅牢にすると、ライフルの重量が増えてしまう。それを避けるには、短小弾薬（中間弾薬）を使用することが唯一の解決策だった。

　ドイツも同様に結論づけたが、ソビエトは製品化するまでの時間が短かった。軍の結論を受け、マグデブルグ市のポルテ・アーナチュラン・ウント・マシーネンファブリーク社は1938年に短小弾薬（中間弾薬）の開発に着手し、数多くの弾薬が試作された。最終的に同ポルテ社の試作弾薬の中から7.92mm×33短弾薬（別名は拳銃弾薬43）が採用され、近代的アサルト・ライフルMKb.42に使用された。

ドイツの短小弾薬と同一の7.62mm×39弾薬

　ソビエトのAKライフルで使用される短小弾薬（中間弾薬）は、一見ドイツの7.92mm×33弾薬に似ているので、そのコピーだとされることがある。しかしドイツ軍はこの弾薬を極秘扱いしていたため、実戦投入され始めた1942年半ばまでソビエトはその存在に気づいていなかったと思われる。

　　（監訳者注：当時のソビエトGRU〔参謀本部情報部〕はそれほどお人よしではなくドイツや西側のフランス、イギリスに大がかりな情報網を持っており、軍事技術に関する情報収集能力は驚くほど高度で、当然ながらドイツの新型弾薬研究の情報も入手していた）

　一方、ソビエトの弾薬開発技術陣は、ベルリンのトレプトウにあったグスタフ・ゲンショウ社（GECO）が1934〜35年にかけて試作した7.75mm×39弾薬ついては明らかに情報を把握していた。そうでないと、この7.75mm×39弾薬と、のちの7.62mm×39弾薬の類似点について説明がつかない。

　薬莢の長さ、1：20で先細りするテーパー（傾斜）の角度、ショルダー部の角度、ヘッドとショルダー部間の距離、さらに口径など、両者の弾薬は同一である。ドイツでは口径を小銃の銃身内径を測定し弾薬の口径とする。一方、ソビエトは弾薬の口径として弾丸の直径を用いる。つまりドイツの7.75mm弾薬の口径は実質7.62mmなのだ。実際にロシアがこの7.75mm×39弾薬を入手していたかどうかに関しては、いまだに議論が分かれている。

　　（監訳者注：GECO社が試作した短小弾薬の中に7.62mm口径

7.92mm短小弾薬を使用するMP.43（マシーネン・ピストーレ43）と30連箱型マガジン。このライフルの形状はAK-47ライフルの外観に大きな影響を与えた。MP.43ライフルとAK-47ライフルの外観は似ているが、両ライフルは異なる材料を用い、異なる製造工程を経て製造されている。内部メカニズムと作動方式も大きく異なっている。(Imperial War Museum)

で、その形状がのちの7.62mm×39弾薬と同一の弾薬がある。この弾薬は、フォルマーの開発した試作アサルト・ライフル用に1934～35年にかけてGECO社の社主ウィンターが開発し、ドイツ陸軍兵器局〔ヘーレス・バッフェンアムト〕で短縮型弾薬の実用効果テストが行なわれた。ドイツの短小弾薬開発に関して軍部にも反対する者が存在し、それらの雑音を排除する目的もあって、GECO社はバルト三国の1つであるラトビアにあった支社で研究や開発の一部を分散して行なった。ラトビアのポルテ支社からソビエトに情報がもたらされた可能性はきわめて高い、と指摘する信頼にたるドイツ人研究者の説がある。戦争末期、ラトビアはドイツよりも早い時期にソビエト軍に占領され、ポルテ社の研究資料もソビエトの手に落ちた）

7.62mm×39弾薬はニコライ・エリサロフとパベル・リュザーノフが1943年に開発したとされる。2人のエンジニアが開発に

要した期間はわずか6カ月だった。彼らの開発した1943年式口径7.62mm弾薬は、西側で多くの名称で呼ばれる。その名称は制式名に近い「7.62mm M43」のほか「7.62mm ラッシァン」「ラッシァン・ショート」「ソビエト・ショート」「7.62mmワルシャワ条約機構弾薬」「7.62mm共産陣営弾薬」「7.62mm AK弾薬」などである。

　この弾薬の薬莢の長さが、実測長38.7mmであるところから、はじめ西側諸国では7.62mm×38と呼んでいたが、現在7.62mm×39と呼ばれるのが一般的になった。

ソビエトの7.62mm弾薬と7.62mmNATO弾薬の違い

　ソビエトの7.62mm弾薬と7.62mmNATO弾薬は、同一の口径表示のため、よく互換性があると誤解される。旧ワルシャワ条約機構および共産陣営諸国は7.62mm口径の5種類の異なる弾薬を使用したが、いずれもNATO軍が制式とする7.62mm×51弾薬の銃器で使用することはできない。

アサルト・ライフルの誕生　29

ワルシャワ条約機構軍が使用した7.62mm口径の弾薬は、ピストルとサブマシンガンで使用される「7.62mm×25弾薬」、ナガン・リボルバーで使用される「7.62mm×38R弾薬」、SKSカービンやAKシリーズ・アサルト・ライフルとその派生型の分隊支援機関銃で使用される「7.62mm×39弾薬」、チェコスロバキア製のライフルと分隊支援機関銃で使用された「7.62mm×45弾薬」、スナイパー・ライフルや汎用機関銃で使用される「7.62mm×54R弾薬」の５種類だ。

　いずれの弾薬も同一口径のNATO制式の7.62mm弾薬と、薬莢の長さ、基部の直径、本体の形状、ショルダー部の角度、エキストラクターの爪が引っかかる溝、そしてリム部の形状や寸法がまったく異なる。そのため、NATO制式の7.62mm弾薬を使用するライフルには使用できず、その逆もまたできない。さらに補足すれば、NATO軍の弾丸の実測直径が0.308インチ（7.82mm）なのに対し、ワルシャワ条約機構軍の弾丸実測直径は0.311インチ（7.9mm）である。

　ソビエトの7.62mm×39弾薬は、リムレス形式の薬莢に強いテーパー（傾斜）がかかり、先端部はさらに絞られて細くなり、そこに弾丸が装着されている。

　AKライフルのマガジンは、この弾薬に対応させて、湾曲した独特の形状をしている。7.62mm×39弾薬は、通常弾丸（ボール弾丸）を含む全長が56mmあり、薬莢基部の直径は11.35mmだ。

　旧社会主義諸国で生産された弾薬の薬莢の大半はスチールを素材としている。スチール製の薬莢の表面は、銅か真鍮でコーティングするか、パーカライジング処理のあと、濃いカーキ、

7.62mm×39 M1934 AKライフル用の各種弾薬。上にサイズ比較のための米1セント硬貨(直径19.05mm)と10ユーロセント硬貨(同19.75mm)を置いた。左からタイプPフルメタルジャケット弾、弾丸の弾頭が黒色でその下を赤でリング状に塗装したタイプBZ徹甲焼夷弾、弾頭を黒く塗装した中国製56式徹甲焼夷弾、弾頭を赤く塗装したタイプZ焼夷曳光弾、弾頭を緑に塗装したタイプ45曳光弾、薬莢延長部の先端をバラの花状に絞った榴弾発射用弾(筆者のコレクションより)

グレーグリーン、グレー、または暗褐色のラッカー塗装が施された。

　真鍮製の薬莢を用いた7.62mm×39弾薬の多くは西側諸国で生産されている。

7.62mm×39弾薬の威力

　7.62mm×39弾薬を使用する最初のライフルは、1945年に制式化されたシモノフ・セミオートマチック・カービンSKSである。1949年に大量配備が始まり、長年にわたってAKライフル・シリーズと併用された。

　軟鋼弾芯を挿入したタイプPフルメタルジャケット(ボール

AKおよび関連弾薬の比較。左から7.9mm×33クルツ43m.e.弾（第2次世界大戦でドイツのアサルト・ライフルに使用）、.30カービン弾（第2次世界大戦で米軍のM1カービンに使用）、5.56mm×45NATO M193弾（現用のライフルおよび軽機関銃に使用）、7.62mm×51NATO M80弾（ライフルと機関銃に使用）、7.62mm×54R M1908弾Lタイプ（共産圏諸国軍のライフルと機関銃に使用）、7.62mm×45 Kr52弾（チェコスロバキアのライフルと軽機関銃に使用）、7.62mm×39 M1943弾Psタイプ（共産圏諸国軍のSKSカービン、AK-47/AKMアサルト・ライフルおよび軽機関銃に使用）、5.45mm×39 7N6弾（共産主義諸国軍のAK-74アサルト・ライフルと軽機関銃に使用）。（筆者のコレクションより）

弾丸）は、弾丸重量8.9グラム、全長は26.5mmある。Bタイプのニトロセルロース発射火薬を1.6グラム充填されており、弾薬総重量は18.21グラムだ。標準的な銃口初速は710メートル/秒。銃口エネルギーが2010ジュールある。(原注3)

（原注3：M16ライフルで使用する5.56mm×45 M855弾薬〔アメリカ軍が使用する同種の一般的な普通弾〕は、弾丸の重量が4.02グラム、銃口初速が950m/秒ある。この弾薬は1767ジュールの銃口エネルギーを発生する）

7.62mm×39弾薬はアメリカなどで鹿猟の弾薬として最も一般

的な.30-30ウィンチェスター弾と同程度の威力を備えている。タイプ45曳光弾は800メートルまで緑色に発光して飛翔する。

ほとんどの国で使用されるタイプPフルメタルジャケット弾薬は、弾丸全体が真鍮（銅と亜鉛の合金）で被覆され、弾丸の基部は鉛の外皮が露出している。鉛の外皮の中に先端が平らな軟スチール製の弾芯が収められている。弾丸の飛翔はきわめて安定しており、命中した場合、骨や主要臓器にぶつかった場合だけ弾丸の偏揺れ（ヨーイング）が起こるが、通常は直進して貫通銃創となる。

命中の瞬間、衝撃で体組織に空洞が生じると臓器や血管を損傷する。7.62mm×39弾薬の場合、体組織に大きな空洞が生じることはめったにない。したがって銃創もあまり悲惨なものにはなりにくい。

軟スチール製の弾芯は、装甲や硬化鋼板に対しての貫通力が不足しているものの、厚板や丸太、土嚢、軽量コンクリート・ブロック、レンガや石の壁などのいわゆる「軟目標」（ソフトターゲット）に対する高い貫通性能を持っている。

1994年、米政府はこのAKライフルなどで使用されるタイプP弾薬を徹甲弾の一種と認定し（軍事的には徹甲弾にはあたらない）、民間向け販売を目的とする輸入を禁止した。

弾丸に鉛単体の弾芯を挿入したフルメタルジャケット弾を採用している国もある。この弾薬の弾丸はやや短く、弾丸後部を絞ったボートテールでなくストレートになっている。その結果、弾丸の重心が後部に移動し、命中と同時に弾丸が不安定になる。

命中した弾丸は軟組織内を偏揺れ（ヨーイング）しながら進

7.62mm×39 M1943弾薬

タイプ	識別特徴
タイプPフルメタルジャケット弾薬	薬莢先端部を赤くシール塗装した普通弾
57-N231フルメタルジャケット弾薬	普通弾（1990年代）
タイプBZ徹甲焼夷弾薬	弾頭を黒く塗装その下を赤でリング塗装
7N23&7N27徹甲弾薬	弾頭を黒く塗装
タイプZ式焼夷曳光弾薬	弾頭を赤く塗装
T-45&T-45M式曳光弾薬	弾頭を緑色で塗装
US式亜音速弾薬	弾頭を黒く塗装その下を緑でリング塗装
短射程訓練弾薬	丸型の弾頭を白塗装
擲弾発射弾	弾頭が黒くバラ状に絞られている
空砲弾	弾頭がバラ状に絞られている
ダミー（模擬弾）	薬莢に縦凹み

　（注：1967年以降、タイプBZ式徹甲焼夷弾薬は簡略化のため、弾頭を単に黒く塗装するようになった。短射程訓練弾薬はチェコスロバキア製でプラスチックの丸形短弾丸を装着してある。空砲弾はプラスチック製の薬莢を使用。特殊弾薬には各国特有の珍しいマーキングを施したものもある。多くの弾薬は、薬莢の先端部の弾丸装着部や雷管の周囲に防水防湿のための赤色などの防水塗料が塗られている。弾丸の種類を識別するため、弾丸の弾頭でなく雷管自体あるいは雷管周囲の装着部〔プライマー・ポケット〕に赤、緑、黒などの弾種識別塗料を塗った弾薬も時々見かける）

むので銃創が酷くなる。また、命中と同時に弾丸が不安定になることと、軟スチール製の弾芯を用いていないこともあって、一般的な覆土材に対する貫通力は低い。1990年代になると改良型の7.62mm×39弾薬が登場した。

　旧ソ連／ロシアの7.62mm×39弾薬の制式名称は「M1943」だが、この弾薬を採用した各国は独自の名称をつけて使用している。たとえば中国は「56式弾薬」、チェコスロバキアは「vz57弾薬」（vzはチェコ語のVZOR：モデルを表す）、ユーゴスラビアは「M67弾薬」などと呼んでいる。

　ヘッドスタンプと呼ばれる薬莢基部の刻印も国によって異なる。最も一般的なのは1〜3桁数字を用いたもので、12時方向が製造工場を示すコード番号、6時方向が製造年の下2桁を示す。

第2章
AKアサルト・ライフル

1988年アフガニスタン東部のセフェド・コウ山脈の奥地で、反政府ゲリラの拠点防御でAK-47ライフルを射撃する民兵。ソビエトに支援されたアフガニスタン人民民主党によるクーデターをきっかけに、1979年ソ連はアフガニスタンに侵攻した。これ以降、ソビエトを後ろ盾とするアフガン政府と米国が後押しする反政府派の間で10年間にわたる内戦が続いた。(Robert Nickelsberg)

姿を消す競合ライバル

俗説とは異なり、AK-47アサルト・ライフルは1人の銃器設計者によって開発されたわけではない。多くの人々の努力を結集した結果である。

後年AK-47ライフルとして結実する新型ライフルの開発は、陸軍委員会の立ち会いのもと、1943年に行なわれた7.92mm×33口径のMP.43アサルト・ライフルの発射実演で始まった。

設計チームは、ソビエト版の短小弾薬（中間弾薬）7.62mm×39 M1943弾薬を短期間で完成させた。この時点では同弾薬を使用する銃の基本設計すら決まっておらず、セミオートマチック・カービンかMP.43に似たアサルト・ライフルのいずれかが候補だった。

サブマシンガンを多用した一部の戦闘部隊の経験から、射程の短い全自動火器の有効性は証明されていた。しかし、サブマシンガンで使用される7.62mm×25ピストル弾薬は威力が低く、貫通力とストッピングパワー（阻止力）に欠け、射程も短く100メートルを超える射撃には役立たなかった。

1943年秋、国家軍備委員会は新型ライフルの競作を発表。15

人ほどの銃器設計技術者が赤軍用新型小銃の設計を競い合った。最初の2年間、そこにミハエル・カラシニコフの名前は見当たらなかった。1944年に試作銃の比較評価がコロムナ市のショロフスキー実験場で行なわれた。

カラシニコフは1942年に7.62mm×25弾薬を使用するサブマシンガンを設計、許可を得てモスクワ航空研究所で試作品を製作したが採用に至らなかった。この試作で才能を認められたカラシニコフは、モスクワ近郊の小火器・迫撃砲研究／性能試験場に配属された。ここでの実地訓練を通じて、設計手腕を向上させた。

カラシニコフが次に取りかかったのが、7.62mm×39弾薬を半自動射撃するセミオートマチック・カービンの設計だった。このプロジェクトは、ベテランの銃器設計技術者セルゲイ・シモノフとの一騎打ちになった。単に「ブラック・オートマチック・ライフル・ナンバー1」と名づけられたカラシニコフ設計の試作カービンは、シモノフの試作カービンに及ばなかった。

シモノフのカービンは1945年、SKS（自動装塡カービン・シモノフ）の制式名でソビエト軍に採用された。SKSカービンは

SKS自動装塡カービンはソビエトの銃器設計者S.G.シモノフが設計したガス圧利用作動方式のセミオートマチック・カービンである。ライフルのフルロード弾薬より威力で劣るが、サブマシンガンのピストル弾薬より弾道性能が優れた新型短小弾薬7.62mm M43を使用するべく設計された。第一線兵器としてのSKSカービンはAKライフルに代替されたものの、1980年代まで後方部隊や民兵組織では現役で、今も儀仗隊が使用している。（Imperial War Museum）

AKアサルト・ライフル　39

長年にわたりAK-47ライフルと併用された。

　セミオートマチック・カービンの設計が評価され、カラシニコフはアサルト・ライフル競作に正式参加することとなり、1946年半ばまでに初期の試作銃を完成させた。以前の試作銃でも指摘されたが、カラシニコフの設計した試作AK-46ライフルは「可動部品が多すぎる」ことを理由に不適格とされ、開発中止を命じられた。

　だが、カラシニコフは諦めなかった。評価主任のヴァシリ・ユータ少佐に決定見直しを直訴し、再評価を得ることにこぎ着けた。ユータ少佐は以前より寛大な態度で、18カ所の設計変更箇所をカラシニコフニに指摘した。

　さらにユータ少佐は競作を統括する立場にあるにもかかわらず、技師のウラジミール・デイキンとともにカラシニコフの開発チームに参加することになった。グラフィック・デザイナーだったカラシニコフの妻エカテリーナは、図面製作の作業で夫を支援した。

　1945年から52年にかけては、MKb.42（H）およびMP.43／MP.44／Stg.44アサルト・ライフルのデザイナーであるヒューゴ・シュマイザーをはじめとするドイツ人エンジニアも強制労働者として当プロジェクトに携わった。

　AK-47ライフルの外観はドイツの影響が認められ、試作段階で作られたさまざまな試作モデルの多くも、その外観はドイツのアサルト・ライフルに類似している。しかしAK-47ライフルの作動メカニズムは、ドイツ製ライフルとはまったく異なっていた。

　カラシニコフの競合ライバルは1人また1人と脱落していっ

SVT-40セミオートマチック・ライフルを手にしたソ連兵。同ライフルは主に大戦初期に使われた。構造が脆弱なためフルパワーのライフル弾薬は強力すぎた。ライフル自体も長くて扱いにくく、10発容量のマガジンは接近戦での連射に不向きだった。(モスクワ中央軍事博物館)

た。PPSサブマシンガンを設計したアレクセイ・スダエフは1945年に病死し、カラシニコフの有力なライバルだったスダエフの試作AS-44ライフルは競作から除外された。フョードル・トカレフの設計した試作ライフルは前作SVT-40セミオートマチック・ライフルなどと同じく壊れやすいという欠点を抱えていた。

有名なPPSh-41サブマシンガンを設計したシュパーギンは、新弾薬に対応できる設計試案を打ち出せず競作から去り、短気なバルキンは自らの性格からチャンスを潰してしまった。しか

AKアサルト・ライフル 41

しバルキンの試作したAB-46ライフルはカラシニコフの設計に影響を与えた。

　DP28軽機関銃を設計したヴァーシリー・ディグチャレフは、カラシニコフの試作ライフルを前にして、作動不良の多い自作を取り下げた。これはカラシニコフにとって最大の賛辞となった。

高級将校を前にプロトタイプのAK-47ライフルのデザインを説明するミハエル・カラシニコフ曹長。

意図的に「公差」を大きくとった設計

　カラシニコフの設計を完璧なものにすべく多くの努力が結集され、試作銃を撃った兵士は改善点を指摘した。戦闘経験者からも効率的な武器の条件について意見が集められた。このようなことはソビエトでは前代未聞だった。

　細部にいたるまでAKライフルを耐久性と信頼性ある武器に

AKアサルト・ライフル　43

仕上げるために、分解・掃除のしやすさや部品数の削減といった点も考慮された。特筆すべきは、内部の作動部品の公差が大きくとられている点だ。製造工程の粗雑さから生じる部品形状の違いは作動不良の最大の原因となる。

AK-47ライフルの場合、意図的に部品形状のバラつきの許容範囲が大きくとられている。これが大きな公差をとるということだ。結果、多少形状や寸法が異なる部品が組み込まれても、通常と変わらず射撃できる設計だった。

開発過程を通じて、亀裂を生じた部品は言うまでもなく、些細な設計上の欠陥もすべて改修・補強された。たとえば「引き金」の再設計は10回に及んだ。

カラシニコフは教官や恩師の助言はもとより、使用者である兵士の声にも耳を傾け、その指摘や提言、求められる性能と必要事項を巧みに設計に反映させ、採り入れた。

最終試験は1947年1月に行なわれ、バルキンの試作KB-415ライフル、デミーチェフの試作KBP-520ライフル、カラシニコフの試作KBP-580ライフルが審査を通過して、比較評価されることになった。

試作KBP-580ライフルのニックネームは「ミクチム」。自分の名前と父親のチモフィビッチをかけ合わせたもので、カラシニコフ自身が命名した。

比較評価はバルキンの試作KB-415ライフルが優位だったが、短気な性格から軍部の改善提案に従わず失格となった。1948年1月10日、委員会は大がかりな実射試験と追加改良を経たうえで、カラシニコフの試験生産型AK-47ライフルを採用した。

AK-47ライフルは、耐久性と信頼性があり、雨、泥水、砂ぼ

第2次世界大戦後に撮られたミハエル・カラシニコフの写真。授与された多くの勲章のうち、高位のものだけ付けている。(ロシア国立アーカイブ)

こり、酷暑や氷点下の気候、整備不足など、戦場の過酷な環境下でも問題なく作動し、「兵士の手荒な扱いにも耐えられる」ことが実証された。「複雑なものはたやすく作れる。簡素な設計こそが難しい」とPPSh-41サブマシンガンの設計者グレゴリー・シュパーギンは看破した。複雑な構造のライフルになることを徹底して避けたAK-47ライフルは、そのシンプルさゆえに偉大なのだ。

部隊全体の火力を増大させた

AK-47ライフルは、ガス・シリンダー内部、ガス・ピストン、銃身と薬室（チャンバー）の内部にクロムメッキが施され

ている。クロムメッキは、耐用年数を延長し、クリーニングを容易にした。AK-47ライフルには必要最小限の可動部分しかなく、ボルトを例に挙げると、ボルト・ヘッド、ボルト・シリンダー、撃針、エキストラクター、エキストラクター・スプリング、そして抜け止めピン2個の計7つの部品だけである。撃発メカニズムも同様で、撃鉄、引き金、ディスコネクター、フルオート・シア、シアにつながるセレクター・レバー、スプリング2個の計7つで構成されている。

競作試験を制した試作AK-47ライフルは、ボルトアクション式の歩兵ライフルよりコンパクトだが、サブマシンガンより大きく、ことに弾薬を装填するとかなり重かった。しかし、前線の歩兵だけでなく、部隊全体に支給されたことで、後方要員にも大容量マガジンによるフルオートとセミオート射撃を可能にした。部隊全体の火力を増大させたという点で、AK-47ライフルは高性能で、優れた武器だった。

AK-47ライフルを装備した歩兵の火力は、従来の4倍以上になった。AK-47ライフルは、ガス圧作動方式で設計され、フルオート射撃もセミオート射撃もクローズド・ボルトで行なう（訳注：弾薬を薬室に装填しボルトを閉鎖した状態で発射する方式）。有効射程は約400メートル。ライフルとともに銃剣と布製スリング、布製弾薬ポーチと予備マガジン3個が支給される。ストック（銃床）の後方内部にクリーニング／分解工具キットを収納できる。これらの特徴はほとんどのAKライフル派生型にも共通している。

1948年、AK-47ライフルは制式採用となり、翌年から量産が始まった。制定から生産開始までの間、試作ライフルが限定生

AKライフルは、戦場の兵士だけでなく過酷な海上で、海賊の手荒な扱いにも耐えられる。ソマリアの海賊から押収した海水で完全に錆びついた56式（中国製AKM）アサルト・ライフル。この状態では作動しなくても当然だが、実際に射撃可能だった。2本のマガジンをガムテープで貼り合わせている。ソマリアではAKの相場は300〜400米ドル。弾薬が1発1〜12セントで手に入る。

産され、部隊配備され、実用試験が行なわれた。その結果、100カ所に及ぶ改良が必要となった。

　限定生産の試作ライフルのレシーバーはプレス加工で作られたが、耐久性に問題が生じたため、量産型のレシーバーは「削り出し加工」で製造されることになった。このため量産型は若干重くなっている。

　レシーバーを削り出し加工で製造すると手間と時間がかかる。その後、生産性の向上のため、レシーバーは鋳造に変更された。カラシニコフは生産技術者ではないので、この段階の変更は専門のエンジニア・チームが引き継いだ。

　膨大な人数のソビエト軍兵士にAK-47ライフルを行き渡らせ

AKアサルト・ライフル　47

るためには何十万挺も量産しなければならない。そのため、大規模な工場の建設と工作機械の整備が必要だった。

AK-47ライフルの技術的特徴

　AK-47ライフルの原型は比較的単純な自動小銃だが、その一方で時代を先取りした高い性能と特徴を秘めていた。外観はドイツのMP.43シリーズ・アサルト・ライフルの影響を色濃く受けているが、内部メカニズムは大きく異なる。

　ドイツ製MP.43シリーズ・アサルト・ライフルは、多くの部品がプレス加工で作られているのに対し、量産型のAK-47ライフルでは多くの部品が削り出し加工（初期）か、鋳造（後期）によって作られた。

　重量増大につながりやすい削り出し加工部品や鋳造部品を多用しているにもかかわらず、頑丈で重いマガジンを装備したAK-47ライフルのほうが、MP.43シリーズ・アサルト・ライフルに比べて0.45キログラム軽い。これはたび重なる改良の成果だった。

　AK-47ライフルは耐久性があり、信頼性も高い。これらの点でMP.43シリーズ・アサルト・ライフルはAK-47ライフルに遠く及ばない。ソビエト製武器のトレードマークは荒削りであまり洗練されていないことだが、AK-47ライフルに関してはこの限りではない。

　それでもAK-47ライフルを不格好な銃だと感じる人も少なくない。ソビエトの設計思想において、洗練された流麗な設計やデザインを有する武器は、反共産主義的で受け入れがたいとされていたからだ。見るからに堅牢で、実用一点張りの武器こそ

がソビエト流というわけである。

　ハンドガードとクリーニング／分解工具キット収納スペース
を備えたストックは木製で、グリップと同様、レシーバーに固
定されている。ダブルカーラム式30連箱型マガジンはトリガ
ー・ガード（用心鉄）の前方に装着する。トリガー・ガードの
前方、マガジンとの中間にマガジン着脱レバーが設けられてい
る。

　多くのガス圧作動式ライフルは、銃身の下にガス・シリンダ
ーが設けられている。これに対し、AK-47ライフルではガス・
シリンダーを銃身の上方に設定した（監訳者注：これもドイツ
製アサルト・ライフルの影響であろう）。このため、オペレー
ティング・ロッドがマガジンや排莢口を迂回する複雑な構造が
避けられ、オペレーティング・ロッドとボルトキャリアーが後
方に直進できることになった。

　オペレーティグ・ロッド／ボルトキャリアーは２つの部品か
らなり、先端のピストンが摩耗した場合、前半だけを取り替え
ればよく、経済的だ。

　リア・サイトはタンジェント・タイプ（訳注：仰角の調整用
目盛りがついた照門）で、射程100メートルから800メートルま
で、100メートルごとの調整ができる。戦闘照準（訳注：25メー
トルから300メートルまでの通常戦闘距離でターゲットの主要部
位に命中可能なセッティング）ですばやく照準することも可能
だ。

　ポスト式のフロント・サイトは三角形のサイトで、ベース
（台座）の上部にあり、左右をサイトガードが保護している。

　（監訳者注：フロント・サイトはクリーニング／分解工具キ

AKアサルト・ライフル　49

ットを用いて回転させ、上下エレベーションと左右シフトができ、サイトのゼロインが可能)

バレル先端部に左巻きネジ溝が切られ、保護リングが装着されている。ここに銃剣を装着する。保護リングを取り外せば、代わりに空砲アダプターを取り付けられる。カップタイプの榴弾発射器や直径40mm、全長270mmのPBS-1サイレンサーの装着も可能だ。

サイレンサーは一般の部隊には支給されず、ロシアの特殊任務部隊「スペツナズ」とKGB（ソ連国家保安委員会）部隊が使用した。PBSサイレンサーの内部の消音ゴム製ディスクは、15〜20発射撃するごとに取り替える必要があり、その効果は限定的だった。

筆者がベトナムで所属した部隊は、暗殺に使用されると考えられるサイレンサー付きの中国製56-1式アサルトライフル（AKMS）をベトコンの大隊から鹵獲しことがある。1発だけなら気づかれないかもしれないが、複数回発射すると独特の銃声を発するようになる。専用の亜音速弾薬も製造されたが、戦場では通常弾薬が使用されただろう。

銃身の下にはクリーニング・ロッドと着剣突起（監訳者注：AKMライフル以降に着剣突起が追加された。AK-47ライフルに着剣突起はなく、銃剣をバレルに独特の方法で直接に装着した）がある。排莢口は右側で、オペレーティング・ハンドルが開口部にある。排莢不良を防ぐため排莢口は意図的に大きめに作られている。

フルオート射撃とセミオート射撃を切り替えるセレクター・

AK-47ライフルとAK-47SライフルⅢ型の諸元
（ドイツ軍のStG.44を比較のために併記）

	AK-47	AK-47S	StG.44
口　径	7.62mm×39	7.62mm×39	7.92mm×33
全　長	870mm	880mm	940mm
ストック格納全長		642mm	
銃身長	416mm	417mm	419mm
重量（マガジン除く）	3.90kg	3.85kg	5.2kg
マガジン	30連湾曲箱型	30連湾曲箱型	30連湾曲箱型
発射速度	600発/分	600発/分	500発/分

（注：AK-47Sは、AK-47ライフルの初期発展型で、下方に回転させて折りたためる金属製のストックが装備された。末尾の「S」はロシア語の折りたたみストックの頭文字。Ⅲ型はAK-47ライフルとAK-47Sライフルの最も多く作られた改良型。Ⅰ型とⅡ型の重量はそれぞれ4.085kgと4.125kg）

レバーは排莢口の後方にある。セフティを兼用しており、いちばん上まで押し上げると「安全」となり、トリガーを引けなくすると同時に、ボルトキャリアーもブロックする。2段目は「フルオート射撃」で、最下段まで押し下げると「セミオート射撃」になる。

　手袋をしていても引き金の操作に支障がないよう、トリガー・ガードは大きく設定された。流線型デザインでないものの、引っかかりやすい突起が最小限になるよう設計されている。

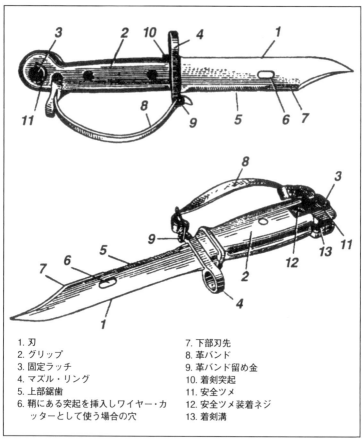

1. 刃
2. グリップ
3. 固定ラッチ
4. マズル・リング
5. 上部鋸歯
6. 鞘にある突起を挿入しワイヤー・カッターとして使う場合の穴
7. 下部刃先
8. 革バンド
9. 革バンド留め金
10. 着剣突起
11. 安全ツメ
12. 安全ツメ装着ネジ
13. 着剣溝

AKMライフル銃剣の2種の基本デザイン。初期型（上）とAK-74ライフルにも支給された後期型（下）。このほか細かい変更を施した多くの改良型がある。

　ハンドガードの先端左側にスリングを通す前部ループがある。後部スイベルは当初ストック下部に設けられていたが、量産初期の段階でストック左側のくびれ部に移された。

　オリジナルの銃剣は、トカレフSVT-40セミオートマチック・ライフルの銃剣を改良したもので、両刃で、小ぶりのプラスチ

ック製グリップがついていた。全長324mm、刃渡りは200mm。

AK-47Sライフルは下方に回転させて折りたたみ格納できる金属製のストックが装備されている。空挺部隊やスペツナズ、車両やヘリコプターの乗員に支給された。KGBと国境警備隊の一部でも使用された。フレーム後部にクロスボルトで組み込まれ、ハンドガードの下に折りたたみ格納できる。

AK-47Sライフルはストックを折りたたんだままでの射撃も可能だが、格納したストックが邪魔になり、最下段の「セミオート射撃」にセットできず、フルオート射撃のみになる。

ストックの展開と格納は、ストック回転軸左右側面にあるロックボタンを押しながら行なう。

後部スリング・スイベルはレシーバー左側面のストック回転軸に設けられた。前部ループはAK-47ライフルと同じで、ハンドガードの先端左側にある。

この折りたたみ式ストックはドイツのMP.38/40サブマシンガンのストックをほとんどそのまま流用したもので、あまり頑丈ではなかった。ゴムやプラスチックの覆いがなく金属が剥きだしなので、極寒の環境では射手の頬に凍傷を負わせる危険がある。スダエフPPS-42やPPS-43サブマシンガンでも類似のストックが使われた。

３タイプのAK-47ライフル

AK-47ライフルは、生産と並行して改良も続けられ、なかには重要な変更もあった。AK-47ライフル・シリーズのコレクターの間では３つの「タイプ」が知られている。ソビエトが公式に分類したものではないが、各タイプに対応するAK-47が存在

AK-47ライフル「タイプⅡ」。その特徴は銃尾のくびれ部のスチール製の補強版とレシーバー下部に見える長方形の重量軽減用切り込み（右側面にもある）である。(US Army)

する。

1949年から50年にかけて生産された「AK-47ライフルタイプⅠ」はプレス加工のレシーバーを装備している。このタイプは、トラニオン（レシーバーに銃身を固定するブロック）に銃身が装着されたうえでレシーバーにリベット留めされた。ストックを固定するインサートブロックもレシーバーにリベット留めされている。

当時、ソビエトのプレス加工やリベット技術は未成熟で、プレス加工部品の品質を一定に保つ技術や、熟練組立工も不足していた。その結果、ライフルの耐久性に問題が生じた。

AK-47ライフルの「タイプⅡ」は「タイプⅠ」の生産がまだ継続していた1949年に登場し、53年まで生産された。なかには両タイプの部品を使って作られたAK-47もある。

「タイプⅡ」はライフルの耐久性を向上させるため、レシーバ

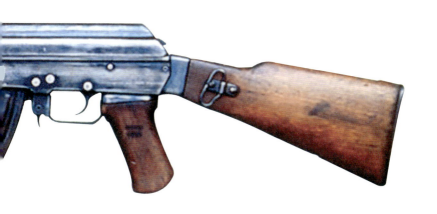

ーは鋼鉄のインゴット(鋳塊)から削り出して製造された。120に及ぶ工程を経て、インゴットの80パーセントを削り出す加工には多くの手間と時間がかかり、生産性が悪く製造コストも高くついた。さらに削り出し加工が行なえる熟練機械工も必要だった。

ほかに「タイプⅡ」は「タイプⅠ」のストック装着インサートに代えてストック前端部分にスチール製の補強板が装備された。レシーバーの両側面は、重量軽減のため、長方形の切り込みが設けられた。さらにレシーバー上部をカバーするプレス加工製レシーバー・デッキカバーは、強度をもたせるために厚くされた。

ほかにも銃の性能向上を図る多くの工夫がなされた。レシーバーから突き出した厚いスチール板に左右からネジ止めする「タイプⅠ」のプラスチック製のピストル・グリップに代わり

「タイプⅡ」からは木製単材となり、長いネジでレシーバーの下面に装着固定するようになった。

AK-47ライフルの「タイプⅢ」は、1953年にさらに改良を加えたものだ。同タイプは生産性を向上させるため、レシーバーが再設計され、ライフルの重量も0.25キログラム軽減された。ストックとレシーバーの装着固定部分に改良が加えられ、耐久性も向上した。

軽量化のためにオペレーティング・ロッド前部に切られていた溝が省略され、加工数を減らす工夫がされた。後部のスリング・スイベルは、ストックではなくレシーバー左側面後部に設けられた。前部ループは変わらずハンドガードの先端左側にある。

木製単材のストックは、とくに極寒地帯で割れることがあったので、「タイプⅢ」からは樺桜の合板材で製造された（監訳者注：この技術もドイツに学ぶところが多かった。ドイツでは第2次世界大戦中から合板材をライフルのストックに多用していた）。

最初のAK-47ライフルのマガジンは両側面が平面だった。1955年に導入された新型のマガジンは、両側面に補強リブが3本ずつ入り、変形しにくくなった。

1953年から59年まで製造された「タイプⅢ」の生産数がAK-47ライフルの中で最も多い。AK-47ライフルはソ連以外に、ブルガリア（1959年、AKK）、東ドイツ（1959年、MPi-K）、ポーランド（1956年、M64）、北朝鮮（1958年、58A式）、中国（1956年　56式）、ユーゴスラビア（1964年、M64）で、ライセンスあるいはコピー生産された。ほとんどがソビエト製と同

旧ソ連陸軍の機械化歩兵部隊の訓練の様子。BTR-50PK装甲兵員輸送車から下車、突撃する兵士はAKMアサルト・ライフルを手にしている。左の兵士はRPG対戦車ロケット・ランチャーを構えている。1960年代に撮影されたニュース用あるいは宣伝用写真であるが、実際の戦闘では車両や兵士が、このような接近したまま展開することはないだろう。

一か、小さな改良が加えられるにとどまった。

AKMアサルト・ライフルの開発

　AKMライフル（オートマチック・カラシニコフ・モダナイズド：近代化改修カラシニコフ）は1959年に採用された。生産性向上によるコスト削減を目的として改良・設計され、1957年から58年にかけてカラシニコフの設計チームがこの作業を監督した。改良の結果、AKMライフルはAK-47ライフルより約0.6キログラム軽くなり、射撃精度および信頼性もわずかながら向上し

た。主な改良点は新設計のスチール板をプレス加工して成型したレシーバーが組み込まれていることである。

AKMライフルの配備は1961年に開始され、少なくとも1977年まで続いた。AKMライフルは、AKシリーズの中で最も数多く作られ、その総数は1027万8300挺にのぼる。生産はソビエトのイジェブスクおよびツーラ兵器工場で行なわれた。

現在、世界で目撃され「AK-47」とされるライフルも、実際はAKMライフル、あるいは海外で作られたその派生型の可能性が高い。現在、AKMライフルは、ロシア軍後方支援部隊で使用されているほか、予備兵器として保管されている。

AK-47ライフルと同様、AKMライフルもソ連の友好国でコピー、またはライセンス生産された。例を挙げると、アルバニア（1974年、56式の再コピー）、ブルガリア（1978年、AKM）、東ドイツ（1965年、MPi-KM）、ハンガリー（1963年、AKM-63、別称AMM）、ポーランド（Kbk AKM）、ルーマニア（1963年、PMmd 63、別称AIM）などである。中国もAKMを製造したが、AK-47の中国版呼称の「56式」をそのまま継続使用した。

これらの国では折りたたみ式ストックを装備した派生型のAKMSライフルも生産された。ほかに独自の改良や近代化を加えた国もあり、コレクターの間で「アタッチメント」と呼ばれる銃床やグリップ、ハンドガード、さらには折りたたみ式ストックの形状など、オリジナルのソビエト製AKライフルと外見が異なる製品も登場した。

派生型の中には榴弾発射器を装着できるAKライフルも数多く製造された。たとえば東ドイツ製の榴弾発射器付きAKMライ

フルはデザインが革新的でソビエト製より高品質である。ルーマニアは民兵組織「愛国防衛隊」にセミオート射撃に制限したAKMライフルを配備した。この民兵向けライフルはレシーバー両側面に刻印された大きな「G」のマークで判別できる。中国は1983年に56式ライフルの改良型81式ライフルを開発し、海外に輸出した。

AKMライフルの特徴

AKMライフルは、新設計のスチール板をプレス加工して成型したレシーバーのほかに、強化リブを追加して軽量で強度のあるレシーバー・デッキカバーが組み込まれた。さらに全自動射撃のときにライフルの照準が左にぶれるのを防ぐための小型マズル・コンペンセイターが装備された（1962〜63年に追加）。

ほかの改良点は、ライフルをしっかり保持できるように木製ハンドガードの左右にふくらみを持たせたこと、ピストル・グリップに滑り止めチェッカリングを入れたこと、AK-47ライフルで800メートルまでだったリア・サイトが1000メートルまで調節可能となったことなどである。（64〜65ページ参照）

　（監訳者注：原書に記述はないが、このほかに３つのAKMライフルの重要な改良点が３つある。１つは全体の形状で、AKMライフルは全自動射撃をよりコントロールしやすいようストックの装着角度が変えられ、ライフル全体がAK-47ライフルより直線に近いストレート・ストックになっている。２つ目は内部メカニズムで、AK-47ライフルになかったフルオート射撃の連射速度を安定させるレートスビライザーがシアに組み込まれた。３つ目は銃身からピストンへのガス導入

孔の角度を変更したことである。これらの改良点は銃の作動の本質に影響を与える重要な改良だった。また銃口部分に装着する小型マズル・コンペンセイターは、発射音を反射させて前方に逃がし、射手の負担を軽減するサウンド・リフレクターの働きも持っている）

　空砲アダプターやサイレンサーは、ネジ込み式のマズル・コンペンセイターを取り外し、そこに装着して使用する。ストックの左側面下方に後部スリング・スイベルが、ハンドガード左側面先端に前部スリング・ループが装備された。

　マガジンの装着を確実にするため、レシーバーの左右両側面のマガジン挿入部が楕円形に凹み、レシーバー内部でマガジンと接触するようになっている。

　ボルトキャリアー／オペレーティング・ロッドの形状が変更、軽量化された。この部品はAK-47ライフルにも組み込みが可能だ。改修された部品はほかにもあるが、多くの部品にAK-47ライフルとの互換性がある。

　1968年にファイバーグラスを混合したオレンジ色のプラスチック製のマガジンが採用された。マガジン先端部分にはスチールがインサートされている。マガジン内部のフォーロアー、スプリングと底板はスチール製である。

　初期に生産されたAKMライフルの表面は錆止めのパーカライジング処理が施され、後期に生産されたものは、その上に黒色のエナメル塗装が施された。

　AKMライフルには、AK-47ライフルになかった着剣突起が追加された。この改良にともない1959年にナイフ形の6Н3銃剣

ソビエト軍のAKシリーズ・アサルト・ライフル

7.62mm AK-47アサルト・ライフル（1949年）と30連マガジン

7.62mm AKMアサルト・ライフル（1959年）と30連マガジン

5.45mm AK-74アサルト・ライフル（1978年）と30連マガジン

5.45mm AKS-74u サブマシンガン（1979年）と45連マガジン

が採用された。この銃剣の鞘はスチール製で、一部がゴムで絶縁されている。鞘にある突起を刀身の穴にはめ込むとワイヤー・カッターになる。銃剣のプラスチック・グリップも絶縁され、通電したワイヤーも切断できる。刀身の背の部分は鋸歯になっている。

1970年代初頭に採用された6H4銃剣の鞘の外皮はベークライトで、スチール製の鞘全体をカバーしている。1984年採用の6H5銃剣の鞘は強化ポリマー製になり、刀身は両刃になった。これらの銃剣はいずれも全長273mm、刃渡り150mmの同サイズ。中国の56式アサルト・ライフルの一部は、折りたたみ式で先端の尖ったスパイク銃剣（240mm）が固定装備された。

折りたたみ式ストックを装備したAKMSライフルも新設計のスチール板をプレス加工成型したレシーバーが組み込まれ、1959年から製造が始まった（監訳者注：AKMSライフルの折り

AKMとAKMSアサルト・ライフルの諸元

	AKMライフル	AKMSライフル
口　径	7.62mm×39	7.62mm×39
全　長	898mm	913mm
ストック格納時の全長		659mm
銃身長(※)	436mm	436mm
重量（マガジンを除く）	3.29kg	3.51kg
マガジン	30連湾曲箱型	30連湾曲箱型
発射速度	600発/分	600発/分

（※：銃身長は小型のマズル・コンペンセイターを含む）

演習中のエチオピア国防軍兵士。AKMアサルト・ライフルで武装している。（US Navy）

たたみ式ストック自体もスチール板をプレス加工成型してある）。そのためAKMSライフルは、削り出し加工部品で構成されるAK-47Sライフルに堅牢さでやや劣った。

このライフルには特殊部隊向けのAKMNも製造された。「N」はロシア語の「Noch」（夜）の頭文字から採られた。AKMNライフルは、夜間戦闘用で、レシーバー左側面にNSP-2赤外線暗視スコープを装着するためのサイドレールが装備された。スコープを付けると重量があるので、軽量なバイポッド（二脚）が追加されている。後期に生産されたAKMPライフルには夜間戦闘での照準を容易にするため、トリチウムで発光するフロント・サイトとリア・サイトが付いている。

ソビエト7.62mmAKMアサルト・ライフル

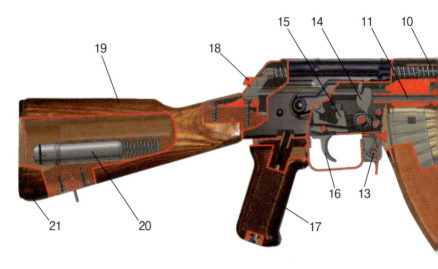

(T.Kat

1. マズル・コンペンセイター
2. フロント・サイト（照星）
3. クリーニング・ロッド
4. ガス・ポート（作動ガス導入孔）
5. 銃剣装着突起
6. オペレーティング・ロッド
7. ハンドガード
8. リア・サイト（照門）
9. チャンバー（薬室）
10. リコイル・スプリングとガイド
    （復座バネとガイド）

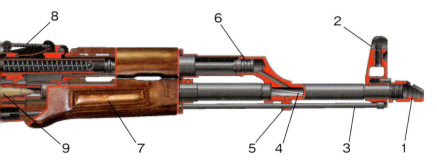

(T.Kato)

(T.Kato)

11. ボルトと撃針
12. 30連湾曲箱型マガジン
13. マガジン・キャッチ
14. ハンマー（撃鉄）
15. ディスコネクター
16. トリガー（引き金）
17. ピストル・グリップ（銃把）
18. リコイル・スプリングとガイド・ストップ（復座バネとガイド止め）
19. ストック（銃床）
20. クリーニング・キット/分解工具キット
21. バット・プレート（床尾板）

中国製56式アサルト・ライフルを掃除するアフリカの歩兵。中国で作られたAKライフルの特徴の1つであるスパイク銃剣が途中まで折りたたまれている。これはモシン・ナガンM1944カービン（中国製53式）に装備されていた銃剣を発展させたものだ。中国製AKライフルはアフリカ全土で普及しており、正規軍・非正規軍がともに使用している。(USMC)

RPK分隊支援機関銃の開発

　1950年代初頭、ソビエト軍は小火器統合と近代化を試みた。第一線部隊の分隊支援機関銃は1953年に配備が始められた7.62mm×39のRPD分隊支援機関銃とRPDM分隊支援機関銃だった。

　これらの分隊支援機関銃は、100発の弾薬を金属製の弾薬帯で連結し、これをレシーバー下部に装着するドラムマガジンに格納、給弾した。両手保持で前進しながら射撃するか、銃身先端に装備されたバイポッド（二脚）を用いて射撃する。両者は分

隊支援機関銃として、それなりに有効な武器だった。

　当時のベルト給弾式機関銃（監訳者注：バラ弾でなく弾薬帯を用いて給弾する形式の機関銃）の中では軽量だったものの、それでも重量は6.6キログラムもあった。AK-47ライフルとまったく異なる構造の分隊支援機関銃を扱うには、ライフルとは別の訓練を必要とした。また、分隊兵士のAK-47ライフルと部品の互換性がないことも欠点だった。

　AKMライフルの軽機関銃型であるRPK分隊支援機関銃が、カラシニコフ・チーム監督の下で開発され、1961年から配備が始まった。単にAKMライフルの銃身を延長し、バイポッドを装備しただけではなく、分隊支援機関銃として強化・最適化されている。

　肩撃ち、あるいは脇の下で支えて前進しながらの射撃も可能だが、伏射姿勢で射撃することを主な目的としている。名前のRPKはロシア語の「カラシニコフ手持ち機関銃」を意味する略称だ。

　伏射姿勢射撃に最適化したPRK分隊支援機関銃は、射撃反動を効果的に吸収しやすい直銃床を採用した。弾薬容量がライフルより多い40連マガジンが地面に接地しないよう、長めのバイポッドが装備された。このバイポッドは高さの調節機能がなく、結果的に射手が敵の銃撃にさらされやすくなった。

　PRK分隊支援機関銃は40連マガジンのほか、75連ドラムマガジンやAKMライフル用の30連マガジンも使用できる。頑丈な造りのドラムマガジンは、前面のレバーを反時計回りに押し上げながら弾を1発ずつ装填するので手間がかかる。中国は81式（RPK）分隊支援機関銃向けに、すばやく装填できるドラムマガジンを開発した。

　PRK分隊支援機関銃は、レシーバーの形状が変更され、銃身を固定するブロックとよりしっかり結合されるようになった。その他にも連続射撃に耐えられるように全体が補強された。

　ピストンとボルトキャリアーが改良され、レシーバー・デッ

イラクで作戦行動中の米兵。建物を捜索する仲間をRPK分隊支援機関銃で援護している。米兵がAKライフル・シリーズの武器を使うことはよくあった。7.62mm口径のRPK分隊支援機関銃は5.56mmのM249分隊支援機関銃より貫通力があり、軽量で使い勝手のよい分隊支援火器であることが実証された。写真のPRKは40連箱型マガジンを装着している。(Tom Lamelin)

キカバーも頑丈なものに交換された。これらの改良にもかかわらずPRK分隊支援機関銃の部品の多くは、AKMライフルの部品との互換性を保った。

　リア・サイトの照門部分にAKMライフルにはなかった左右調

AKアサルト・ライフル　69

整機能が追加された。リア・サイトの照準距離調整は、AKMライフルと同じく1000メートルまでになっている。

AKMライフルに装備されていたマズル・コンペンセイターと着剣装置は、PRK分隊支援機関銃では取り外された。RPK分隊支援機関銃の銃身は固定式で、過熱してもすばやく交換することはできない。このため、AKMライフルよりやや肉厚で、過熱しにくい重い銃身が採用された。同機関銃の最大の特長は、AKMライフルの訓練を受けた兵士ならだれでも追加トレーニングなしで扱えることである。

イラクで製造されたPRK分隊支援機関銃は、621年にエルサレムで起きた戦いにちなみ、エルサレムのアラブ語読みの「アルカッヅ」と名づけられた。

空挺部隊向けのRPKS分隊支援機関銃は折りたたみ式木製ストックを備えている。このストックの形状は固定銃床とほとんど変わらない。ストックとレシーバーの取り付け部は頑丈なち

RPKとRPKS分隊支援機関銃の諸元		
	RPK	RPKS
口　径	7.62mm×39	7.62mm×39
全　長	1040mm	1040mm
ショルダー・ストック格納時の長さ		820mm
銃身長	590mm	590mm
重量（マガジンなし）	4.8kg	5.1kg
マガジン	40連湾曲箱型および75連ドラムマガジン	
発射速度	600発/分	600発/分

ょうつがいになっており、ストックを銃の左側に折りたたんで格納できる。

　後方に伸ばした状態のストックを折りたたむには、レシーバーの左側面後端の小さな穴にあるロックに、弾丸の先端を差し込んで解除する。ストックを折りたたんだままでの射撃も可能だが、きわめて扱いにくい。

AKライフル榴弾発射器

　国によっては、カラシニコフ・ライフルに榴弾発射器を追加装備して使用している。

　ソビエト製の40mm口径GP-25カスチョール（かがり火）榴弾発射器は、銃身の下に装着して使用する。GP-25カスチョールは、AKMライフル、AK-74ライフルと派生型ライフルに使用する榴弾発射器として1978年に採用された。

　改良が加えられ簡素化された軽量のGP-30オブーフカ（靴）榴弾発射器は1989年、装備に追加された。これらの榴弾発射器の銃身長はいずれも205mm、重量が前者1.5キログラム、後者1.3キログラムである。

　双方の榴弾発射器ともに発射器の銃身先端から榴弾を装填する前込め式。有効射程は150メートルで、最大射程は400メートル。VOG-25破片榴弾を発射できる。このソビエト製40mmVOG-25破片榴弾はロケット推進方式で、NATO制式の40mm×46榴弾とは互換性がない。

　ハンガリー製の1969年型AMP-69アサルト・ライフルには、銃身先端部に榴弾の弾尾を差し込んで発射する差し込み式榴弾発射器が装備されている。この榴弾発射器は銃と一体になった

AKアサルト・ライフル　71

写真のAKMライフルは使い込まれて表面仕上げが剝げてしまっている。40mm口径のGP-25カスチョール（かがり火）榴弾発射器が取り付けられている。マガジンは新型のファイバーグラスを混合したプラスチック製。（Morteza Nikoubazl）

GP-25榴弾発射器(Lynx-extra)

固定式で着脱できない。AMP-69ライフルには、榴弾発射用の光学照準器と発射の際の反動を吸収できるストック、前後可動のハンドガードが装備された。

　ポーランドは差し込み式のLON-1榴弾発射器をPMK-DGN-60ライフルに使用した。LON-1榴弾発射器は着脱可能で、PMK-DGN-60ライフルの銃身先端に取り付けて使用する。ポーランドは、1960年から通常型PMK（AK-47）ライフルのストックに着脱式のリコイル・パッドを装備し、LON-1榴弾発射器を装着して使用した。

　ユーゴスラビアもAKライフル派生型のM64AライフルやM70ライフルなどに差し込み式榴弾発射器を装備している。重い榴弾を発射する際の衝撃に耐えられるよう、M64Aライフルには肉厚のレシーバーが、M70ライフルには頑丈な銃身装着ブロックが組み込まれた。ガス・シリンダーの前端に折りたたみ式の榴弾用照準器があり、発射の際に照準器を起こすとガス・シリンダーへのガス流入を阻止するガス・カットオフ機能を備えて

いる。

　アルバニアの差し込み式榴弾発射器（名称不明）は全長178mmあり、フロント・サイトから先の銃身部分を覆う独特のものである。中国製81式ライフルの銃身はそのまま榴弾を発射できるように設計されている。東ドイツ人民警察はPMKM（AKM）ライフルの銃口にねじ込んで装着する58mm口径のカップ式榴弾発射器を使用した。

　ポーランドは1974年にPMKM（AKM）ライフル銃身下部に取り付ける口径40mmのwz.1974榴弾発射器を採用した。PMKSライフルにも装着可能だが、ストックを完全に折りたたむことができなくなる。

　wz.1974榴弾発射器はパラード・グレネード・ランチャーの名称でも知られる。ブリーチを開いて榴弾を装塡する後装式で、発射器左側面に大型のタンジェント照準器が装備されている。

　wz.1974榴弾発射器は、全長324mm、銃身長267mm、重量1.25キログラム。使用される40mm口径の榴弾（40mm×43）榴弾は、アメリカ製のNATO制式の40mm×46榴弾に似ているが互換性はない。のちにポーランドは、NATO制式の40mm×46榴弾を使用できるように再設計した。

　ルーマニアも銃身の下に装着して使用するアンダーバレル式のAG-40モデル80榴弾発射器を装備した。AIMS-74ライフルのハンドガードをピストル・グリップなしのものに取り替えて装着する。この発射器はルーマニア製40mm×47榴弾とアメリカ／NATOの40mm×46榴弾を発射可能である。

AKアサルト・ライフル　75

第3章
AK-74アサルト・ライフル

大祖国戦争戦勝60周年軍事パレードで、5.45mm×39口径のAK-74Mライフルを手に行進するロシア軍空挺部隊員。AK-74Mライフルは折りたたみ式プラスチック製のストックを装備している。(ITAR-TASS)

新型小口径弾薬の開発

ベトナム戦争で米軍がM16ライフルを使用したことから、世界各国で5.56mm×45弾薬用の新型ライフルの開発が始まった。これに触発されたソビエト陸軍も、1960年代初頭から小口径弾薬の検討に着手した。

この新弾薬は従来の設計とはまったく異なるもので、次世代アサルト・ライフルに使用することを想定して作られた。その開発はビクター・サベルニコフの監督のもとソビエト精密工学学術研究所が担当した。

当初、カラシニコフは小口径弾薬の開発に反対の立場をとり、7.62mm弾の改良を提案した。だが、ベトナム戦争での5.56mm弾薬による多大な損害に関する報告からソビエト技術陣は、7.62mm弾の「きれいな」貫通銃創では殺傷力が不十分であると結論した。

研究の結果、.220口径で重量3.6グラムの弾丸を装着し、初速915m/秒、銃口エネルギー1342ジュールの5.45mm×39弾薬が完成した。弾薬の弾底（薬莢基部）直径は10mmで、7.62mm×39弾薬の11.35mmに比べて小さいが、新型アサルト・ライフルを設計する際の変更を最小限におさえるため、弾薬全長は7.62mm×39弾薬と同じに設定された。

1980年、アフガニスタンに侵攻したソビエト軍が使用した5.45mm×39弾薬（ソビエト兵器分類番号５Ｎ７）が鹵獲され、西側にもたらされた。外観上はフルメタルジャケット弾丸を装着したボートテール型の普通弾だが、その特徴は弾丸部分にあり、その構造や性能の詳細が明らかになると大きな物議を呼んだ。

長さ15mmの軟スチール製の弾芯が弾丸に挿入され、その弾芯は弾丸の弾底に露出している。軟スチール製の弾芯はその外側を薄く鉛が覆っている。この鉛のカバーの外側先端は丸くなっており、先端部が厚く３mmある。

　鉛と軟スチールで構成された弾芯は、弾丸外皮のジャケット内に収められるが、弾丸弾頭内に長さ５mmの空洞が残されている。この空洞は、弾丸の重心点を後方に移動させるためのもので、弾頭のマッシュルーム化を目的とするものではなかった。

　弾頭内に空洞がある5.45mm×39弾薬（5N7）の弾丸は、重心点が後方にあるため、着弾と同時にヨーイング（偏揺れ）を起こしやすい。命中し、ねじれながら体内を進む弾丸は、高い初

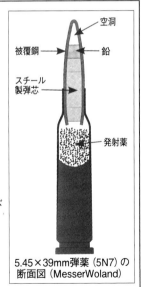

5.45mm×39弾薬

タイプ	識別特徴
5N7普通弾	通常弾頭/薬莢前縁にバンドなし
7N6普通弾	通常弾頭/薬莢前縁に赤いバンド
7N10普通弾	通常弾頭/薬莢前縁に紫のバンド
7N22／7N24徹甲弾	弾頭先端が黒/薬莢前縁に赤いバンド
7T3／7T3M曳光弾	弾頭先端が緑
7U1亜音速弾	弾頭先端が黒/薬莢前縁に緑のバンド
7H3／7H3M空砲弾	バラ状に絞られた薬莢前縁
7H4訓練弾	薬莢に縦の溝

5.45×39mm弾薬（5N7）の断面図（MesserWoland）

AK-74アサルト・ライフル　79

速とあいまって軟組織に大きな空洞を生じさせ、臓器を激しく損傷する。

ヨーイングはときとして、弾丸内の空洞によって弾頭が変形することで発生する。ヨーイングにより生じる大きな銃創は、感染症を引き起こす可能性が高く、一刻も早い応急手当が必要となる。数日間も医療を受けられず、抗生物質も不足していたアフガニスタンでは、弾丸が命中したムジャヒディンの傷は壊疽を起こした。

ソビエト軍がアフガニスタンで感染症を引き起こす「毒弾丸」を使用したという噂は、アフガニスタンでの緊急治療の不備と抗生物質の不足から生まれたものである。

進化する5.45mm×39弾薬

採用後も弾薬の改良は続いた。1987年採用の7N6弾薬は、貫通性能を向上するため、より固いスチール弾芯が使われ、弾頭内部の空洞は残された。

1992年に採用された7N10弾薬も空洞はそのままで、長いスチール単体の弾芯が弾丸に挿入されている。1994年になると弾丸内部の空洞は鉛で埋められた。

1998年採用の7N22弾薬は徹甲弾で、硬化スチール製の弾芯が挿入されている。その後タングステンカーバイドの超硬合金製弾芯を採用した7N24徹甲弾薬が登場したが、これらの徹甲弾は、対人効果よりも防弾チョッキやヘルメット、軽防御物などに対する貫通力を主眼に設計された。

あわせて5.45mm×39の曳光弾も開発された。この曳光弾は従来のソビエトで一般的だった緑色曳光でなく、800メートルまで

赤色曳光した。

　5.45mm×39弾薬の薬莢はスチール製で、表面を茶色のラッカーで塗装してある。薬莢全長が39mmよりわずかに長かったため、当初、西側では「5.45mm×40弾」と誤って呼ばれていた。現在は、一般に「5.45mmソビエト/ロシア弾」「5.45mm AK-74」「5.45mm M74」などと呼ばれている。

　ドイツがMP7サブマシンガン（個人自衛兵器：PDWとも呼ばれる）で使用する4.6mm×30（.177口径）弾を導入するまで、この5.45mm×39弾薬が世界で最小口径の制式小銃弾薬だった。

　7.62mm×39弾薬は、紙箱に詰めた25発のバラ弾か10発装填クリップ（ストリッパークリップ）に装着した状態で支給された。部隊に供給される弾薬は、クリップの場合は460発、カートンの場合は660発が「イワシの缶詰」とニックネームされたカーキ色の缶に封入され、2個ずつ木箱に梱包された。

　5.45mm×39弾薬は15発の装填クリップと一緒に支給される。弾薬の梱包は、15発ずつ装填されたクリップを茶色の紙で包み、これを72個（計1080発）カーキ色の缶に封入した。

　（原注4：10発装填クリップはSKSカービン用で、AKライフルのマガジンに使えない。AKライフルのマガジンにはクリップから外し、1発ずつマガジンに装填する。中国はこのSKS用装填クリップからAKマガジンに直接装填できるアダプターを開発した）

　（原注5：AK-74ライフルの場合、装填クリップから直接マガジンに装填できる。M16ライフルと同じ方式）

　カラシニコフ・シリーズをスポーツ用ライフルとして販売す

AK-74アサルト・ライフル　81

る市場戦略から5.6mm×39弾が開発された。これは7.62mm×39弾の先端を.220口径に絞った（ネックダウン）小型動物狩猟用である。

アメリカで.220ロシアン弾と呼ばれるカラシニコフの弾薬によく似た5.6mm×39弾薬もある。これは、AK-47ライフルに使用する7.62mm×39弾薬の薬莢を流用してネックダウンし、22口径の弾丸を装着したものだ。1960年代にランニングディア射撃競技用の弾薬として開発され、民間輸出向けのメトページ・セミ・オートマチックライフルに使用された。

AK-74アサルト・ライフルを採用

5.45mm×39弾薬は、新型ライフルに先行して、1960年代半ばに完成した。新弾薬は殺傷能力が向上し、同時により精密な射

AK-74ライフルはAK-47ライフルの発展型である。米軍が小口径高速弾を使うM16ライフルを採用したことを受け、同様の小口径高速弾を使うライフルとしてソビエトで開発された。AK-74ライフルはアフガニスタン侵攻で初めて実戦投入された。現在も最新型のAK-74Mライフルがロシア軍の制式小銃で、ワルシャワ条約機構加盟国でも派生型が製造されている。写真はブルガリア製のAK-74ライフル。(Imperial War Museum)

撃が可能になり、全自動射撃のコントロールも容易になった。軽量なところから、兵士の携行する弾薬量を増すことも可能になった。その反面、有効射程がやや短くなり、口径が小さいため銃身に水が浸入すると抜きにくい欠点があった。

　1966年、この弾薬を使用する新小銃の要求性能がソビエトの複数の設計局に提示された。この競作には多くの革新的設計の試作ライフルが提出され、翌67年に選考が始まった。

　試作ライフルの中には「安定化機構」（バランスアクション）と呼ばれるメカニズムを組み込んだものが多数あった。このメカニズムは、ボルトと反対方向に重りを動かし、とくにフルオート射撃の際の反動を相殺、軽減してコントロールしやすくする仕組みだ。その反面、構造が複雑で、製造コスト高になり、加えてメカニズムを完璧にするための長い開発期間も必要

だった。

競作試験では安定化機構を組み込んだコルスタンチィノフ設計のSA-006ライフルとAKMライフル性能向上型のカラシニコフA-3ライフルが競合した。

カラシニコフA-3ライフルは、カラシニコフ自身の助言のもと、A.D.クリヤクシン設計チームが担当し、AKMライフルを改修・設計した。

射撃精度でSA-006ライフルがまさっていたが、最終的にすでに実績を重ねていたカラシニコフA-3ライフルが選定された。

その理由として、設計の初期段階に必ず出てくる技術的な困難を回避できること、現行の生産ラインが使えてより安価なこと、軽量なことなどが挙げられた。

AKMライフルやPRK分隊支援機関銃を扱える兵士なら追加訓練なしに使用できる点も選択の理由だった。カラシニコフA-3ライフルの仮採用が決定されたあとも新機能や新素材を組み入れるための研究が継続され、広範な部隊に支給しての実用試験も行なわれた。

（原注6：どの軍隊でもそうだが、新型兵器は従来型と類似の操作性を備えているものが望まれる。操作性が似ていれば、現役兵士がより早く新型兵器の扱いを習得できるからだ。幸いなことにAK-74ライフルは、前作のAK-47ライフルやAKMライフルと同一といってよい操作性を備えているため、予備役将兵を再召集した場合も、わずか数時間のトレーニングで教育できた）

これらの研究・試験を通じて先進的な素材が採り入れられ、

6H4銃剣を着剣したAK-74ライフルで武装したソビエト海軍歩兵の兵員。1990年に米海軍がロシアを親善訪問した際のデモンストレーション。（US Navy）

多くのメカニズム的および人間工学的な改良が加えられて、5.45mm口径オートマチック・カラシニコフ・モデル1974が完成した。このAK-74ライフルは1970年代後半より優先度の高い部隊から配備が始まり、1979年の終わりにアフガニスタンで初めて実戦投入された。

AK-74ライフルの派生型

AK-74ライフルには多くの派生型がある。空挺部隊向けの折りたたみ式ストックを装備したAKS-74ライフルは、カラシニコフが監督し、N.A.ベズドロボフが設計した。

短縮型のAKS-74uサブマシンガン（通称「クリンコフ」。末

尾のuは短縮型を意味するロシア語の頭文字）は、AKS-74ライフルをベースに、S.N.ファーマンのチームが開発した。この「クリンコフ」はロシアの通称でなく、アフガニスタンのムジャヒディンがつけたニックネームに由来する。西側、とくにアメリカで用いられ、ロシア兵士の間では、女性名の「キシューハ」、タバコの吸い殻を意味する「アコウラック」、小柄なあばずれ女を意味する「スートッカ」などの愛称で呼ばれている。

AK-74ライフルをベースに、PRK-74分隊支援機関銃やこれに折りたたみ式ストックを装着したRPKS-74分隊支援機関銃も製造された。

ロシアで多用されるBMP歩兵戦闘車の内部がきわめて狭いため、1991年に新型のプラスチック製折りたたみ式ストックを装備したAK-74Mライフルが導入された。主に機械化歩兵部隊に配備される計画だったが、軍事予算の削減のあおりを受け配備が遅れている。

夜間戦闘で使用する暗視スコープが装着可能なAK-74Nライフルも1974年に採用された。ソビエト正規軍と民兵組織に配備されていたAK-47ライフルとAKMライフルのすべてを、AK-74ライフルに交換する計画が1976年に実行に移された。これは同ライフルの配備が空挺部隊やスペツナズなど、特殊任務部隊に限られると推測していたNATO情報部を驚かせた。

AK-74アサルト・ライフルの特徴

最新のAK-74ライフルは、外観がAKMライフルによく似ているが、黒色のプラスチック製のストック、グリップ、ハンドガ

ード、マガジンを装備し、先進的な「ブラック・ライフル」に
なった。

　初期に製造されたAK-74ライフルは木製ストックとハンドガ
ード、赤みがかった茶色のプラスチック製ピストル・グリップ
が装着されていた。次にこれらの装着部品は、濃い紫色がかっ
た茶色のプラスチック製になった。

　最終的に、プラスチックの色合わせなどの費用がかさむた
め、経済性のよい黒色のポリマー製部品が採用された。

　ストック両側面のへんだ溝は、AK-74ライフルとAKMライ
フルを容易に識別するためのもので、とくに夜間、7.62mm口径
のAKMライフル用マガジンが誤って装着されることを防ぐ。

　ボルトも軽量化され、エキストラクターも改良された。リ
ア・サイトの照尺目盛りはAKMライフルと同じ最大1000メート
ルまであるが、5.45mm×39弾薬の実質射程は500〜600メートル

AK-74、AKS-74ライフルとAKS-74uサブマシンガンの諸元

	AK-74	AKS-74	AKS-74u
口　　径	5.45mm×39	5.45mm×39	5.45mm×39
全　　長	940mm	956mm	726mm
ストック格納時の全長		718mm	488mm
銃身長	475mm	475mm	270mm
重量（マガジン除く）	3.415kg	3.450kg	2.730kg
マガジン	30連湾曲箱型	30連湾曲箱型	30連湾曲箱型
発射速度	650発/分	650発/分	800発/分

　（注：銃身長はフラッシュ・サプレッサーを含んだ長さ。AK-74Mの諸
　　元は174ページを参照のこと

AK-74アサルト・ライフル　87

だと言われている。

　最大の特徴は銃口部に取り付けられた大型のマズル・ブレーキを兼用させたフラッシュ・サプレッサーである。これには、発射音を反射させて前方に逃がし、射手の負担を軽減するサウンド・リフレクターの機能もある。

　この大型マズル・ブレーキの働きによって、フルオート射撃のコントロールが容易になった。AK-74ライフル射撃反動はM16ライフルの半分、AKMライフルの2分の2以下である。

　フラッシュ・サプレッサーの先端は、従来のAKMライフルの銃剣が使えるように設計され、着剣突起が設けられている。30発容量のマガジンは赤茶色のファイバーグラス混合プラスチック製か黒色のポリマー製だ。

　7.62mm×39弾薬用のマガジンと5.45mm×39弾薬用のマガジンは外観がよく似ているが、薬莢の直径が異なるので互換性はない。マガジンを誤って装着した場合、途中まで入るが、ライフルに固定できない。

　マガジンは赤茶色だったが、のちに黒色に変更された。素材はファイバーグラスを混合した強化したポリエチレン製で、マガジンのリップ（上方の開口部）や背面のライフルとの挿入部などにスチールがインサートされている。

　赤茶色のマガジンの両側面は平坦で、黒色のマガジンには3本の補強リブが入れられた。1991年に供給されるようになったAK-74Mライフルのストックとハンドガードは、ポリアミドプラスチック製。同ライフルのストックはレシーバー左側面に折りたたんで格納でき、格納したままでも射撃が可能だ。

　レシーバー左側面に光学照準器装着用のレールが標準装備さ

ワルシャワ条約機構各国の派生型AKアサルト・ライフル

ハンガリー製7.62mm AMP-69ライフル。AKMライフルを発展させたAMD-63ライフルに改良を加えたもので、銃身と一体化させた差し込み式榴弾発射器が装備された。

ルーマニア製7.62mm AIMSライフル。AKMライフルから派生したAIMライフルの改良型で、AKMSライフルの折りたたみ式ストックと独特な前部ピストル・グリップが装備された。

ポーランド製7.62mm PMKMライフル。AKMライフルの改良型で、40mmのkbk-g wz.1974榴弾発射器を装着する場合はハンドガードを交換する。

東ドイツ製5.45mm MPi-AKS-74NKライフル。MPi-AKS-74Nアサルト・ライフルの銃身を短くしたもので、1987年に採用された。

れた一方、生産性向上のための細かな改良が施された。AK-74ライフル夜間戦闘向けの派生型として、1PN34暗視スコープ装着のAK-74Nライフルと1PN51暗視スコープを装着したAK-74N3が製造された。

AKS-74ライフルの派生型

空挺部隊向けにAKS-74ライフルが開発された。このライフルにはプレス加工で成型された三角形の折りたたみ式ストックが

5.45mm口径AKS-74u「クリンコフ」サブマシンガン。AK-74アサルト・ライフルを大幅に改造したもので、1979年に登場した。

装備されている。AK-47SライフルやAKMSライフルに装備された下に回転させて格納する折りたたみ式ストックとは異なり、AKS-74ライフルのストックは、ライフルの左側に回転させて折りたたみ格納する。全体が通常のストックに近い形状をしており、格納したままで射撃できる。

AKS-74ライフルの全長を短くしたAKS-74uサブマシンガンは1979年に導入。主に車両やヘリコプターに搭乗する実戦部隊の将校に支給された。スペツナズやロシア連邦保安庁（ソビエト

RPK-74とRPKS-74分隊支援機関銃の諸元

	RPK-74	RPKS-74
口　径	5.45mm×39	5.45mm×39
全　長	1060mm	1040mm
ストック格納時の全長		845mm
銃身長	590mm	590mm
重量（マガジンなし）	5kg	5.15kg
マガジン	45連湾曲箱型	45連湾曲箱型
発射速度	600発/分	600発/分

国家保安委員会KGBの後継組織）、対テロ部隊などでも広範に使用されている。

　AKS-74uサブマシンガンは短い銃身とハンドガードを装備し、先端部が円錐形のフラッシュ・サプレッサーが装着された。

　フラッシュ・サプレッサーは切り詰められたガスシステムのピストンのガス圧を上げて正常に作動させるガスチャンバーとしての機能も備えている。

　フロント・サイトは短めで、サイトガードで保護されたリア・サイトはタンジェント式ではなく、跳ね上げ式の「L」型のフリップサイト。戦闘照準の300メートルと、やや期待が高すぎる400〜500メートルの照準設定となっている。

　現実には、AKS-74uサブマシンガンで200メートルを超える正確な射撃は困難だ。金属製折りたたみ式ストックはAKS-74ライ

フルのものをそのまま流用している。

　AK-74ライフルの軽機関銃バージョンがRPK-74分隊支援機関銃である。基本的にAK-74ライフルに改良を加えた強化型で、AKMライフルから派生したRPK分隊支援機関銃と同等の存在だ。

　7.62mm口径のRPKと分隊支援機関銃とは異なり、RPK-74分隊支援機関銃には縦にスロットが入った小さな「バードケージ型」のフラッシュ・サプレッサーが追加装備された。

　空挺部隊向けに設計されたRPKS-74分隊支援機関銃は折りたたみ式のストックを装備している。RPKS分隊支援機関銃のストックと同型で、左側に回転させて格納する。夜間戦闘向けに設計されたRPK-74N分隊支援機関銃とRPKS-74N分隊支援機関銃は、ともに1PN58暗視スコープを装着して使用する。

AK-74アサルト・ライフル　93

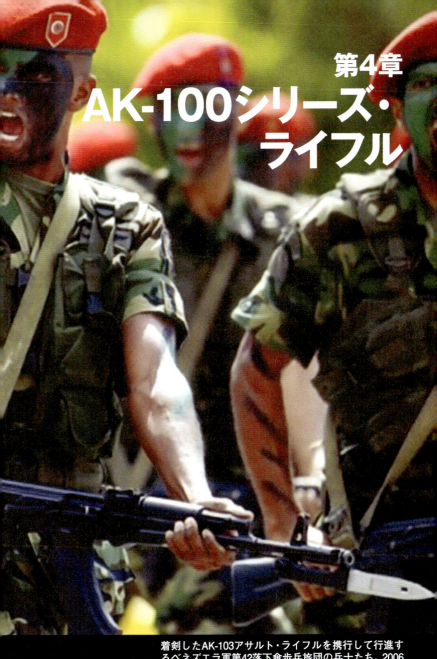

第4章
AK-100シリーズ・ライフル

着剣したAK-103アサルト・ライフルを携行して行進するベネズエラ軍第42落下傘歩兵旅団の兵士たち。2006年に納入されたロシア製のオリジナル・モデルで、国産ではない。ベネズエラでの生産は2010年に始まった。

輸出専用の改良型AKライフル

イジェブスク・メカニカル・ワークス（IZHMASH）は、1990年代初頭、改良型AKアサルト・ライフルに世界的な需要が残っていると判断した。そこで、西側で知名度が高く集客力があるカラシニコフを名誉社長に迎えてカラシニコフ・ジョイント・ストック・カンパニーを設立した。

現用のAKライフルが耐用年数に達したユーザーの中には、西側や中国などの武器商人から買うより、オリジナルのロシア製改良型AKライフルで更新したい国があると考えた。

社会主義国の相次ぐ自由化によって旧社会主義国製の派生型AKMライフルが武器商人によって世界中で大量に売られるようになった。しかし、ほとんどの兵器ディーラーには交換部品や修理サービスを提供するインフラが備わっていなかった。また、放出品のライフルも低品質なものが多かった。

ロシアは長年の武器供給の経験を重ねており、インフラに対するノウハウも持っていた。これもロシア製AKライフルの売り込みにプラス材料と判断された。

AKライフルを使用している国や組織が、現用のAKライフルを改良型AKライフルに更新すれば、西側のM16ライフルなどを新たに購入する場合と異なり、新規にトレーニングする必要もない。この点でも改良型AKアサルト・ライフルは好評価されるはずだと見込んだのだ。

新型のAK-100シリーズのアサルト・ライフルには3種類の異なる口径の製品が提供された。1つは、膨大な弾薬備蓄がある国を考慮してスタンダードの7.62mm×39弾薬を使用するもの。次いでこの弾薬を改良したAK-74ライフル用の新型5.45mm×39

弾薬を使用するもの。3つ目は、すでに西側のライフル・システムを使用している国に向けたNATO制式の5.56mm×45弾薬を使用するものである。

なお改良型AK-100シリーズのアサルト・ライフルは、輸出向け専用でロシア軍では使用されていない。

AK-100シリーズ・ライフル（別名AK-10X）は、AK-74ライフルをベースに再設計、簡略化した製品で、1994年に完成した。ストックやハンドガード、グリップなどはすべて黒色のプラスチック製。ストックは銃の左側方向に回転させて折りたたんで格納できる。レシーバーの左側面に暗視スコープ、光学照準器などを装着できるマウント・ベース・レールが装備された。

AK-101（5.56mm口径）ライフルとAK-103（7.62mm口径）ライフルはいずれもフルサイズのアサルト・ライフルで、AK-74ライフルと同じ415mmの銃身を装備し、重量は3.8キログラム、全長は943mm、ストックを折りたたむと700mmになる。

AK-102（5.56mm口径）ライフル、AK-104（7.62mm口径）ライフル、AK-105（5.45mm口径）ライフルは、AKS-74uサブマシンガンの短銃身よりやや長い314mmの銃身を装備したカービン・モデルで、全長824mm、ストック折りたたみ格納時の長さ586mm、重量は3.4キログラム。フロント・サイトはガス・シリンダーの前端上部にあり、AKS-74uのものによく似たガス圧を上げるチャンバー兼フラッシュ・サプレッサーを銃口部に装備している。

AK-101ライフルとAK-103ライフルに装備されているフラッシュ・サプレッサーはAK-74ライフルのものによく似た形式だ。

AK-100ライフル・シリーズは、どれも黒色のポリアミドプラ

7.62mm口径AK-103ライフルはAK-74ライフルの輸出向け派生型だ。5.56mm口径のAK-101ライフルもほぼ同一の外観を持つ。ガス・シリンダー前端にあるガス・ポートがほぼ垂直であることに注目。後期型AK-74ライフルのものと同じだ。AK-100ライフル・シリーズは1994年に公開された。

スチック製30連箱型マガジンを用いる。当然ながら口径の異なるマガジンに互換性はない。5.45mm弾薬用マガジンは7.62mm弾のものより湾曲が少なく直線的になっている。AK-100ライフル・シリーズには、PRK軽機関銃やAKS-74uサブマシンガンに相当する派生型は製造されていない。

増えるAK-100のライセンス生産

 ロシアの期待に反しAK-100ライフル・シリーズの輸出はまったく振わず、膨大な在庫をかかえる結果となった。しかし、倉庫で眠るライフルが全世界に潜在するユーザーの手に渡るのは時間の問題だろう。

 販売戦略の失敗は、すでにNATOに加盟したか、現在加盟を競っている旧ワルシャワ条約機構諸国が、AKライフル工場の設備を改善させたことに一因がある。武器市場は、ヨーロッパの旧社会主義国が放出した耐久性に優れたAKライフルであふれており、新たに製造された割高な5.45mmや5.56mmモデルへ

黒いプラスチック製ストックを左側に折りたたんだ状態の7.62mnm口径AK-103ライフル。通常歩兵と空挺部隊員の両用として開発された。

の購入意欲は低かった。

　工業化を模索する発展途上国にとっては、AKライフルの購入よりも、AKライフルと弾薬製造プラントをセットにしたライセンス生産契約のほうが魅力的だった。結果的にロシアは、ライセンス生産契約によってはるかに潤沢な利益を上げた。

　7.62mm口径のAK-103ライフルのライセンス生産工場を建設、あるいは建設中の国はエチオピア、インド、ベネズエラなどだ。ベネズエラは、ライセンス生産に先立ち2006年に10万挺の

AK-103ライフルと5千挺のAK-104カービンを購入した。

2010年に操業開始の「匿名ベネズエラ軍需産業会社」（CAVIM）と名づけられたAK-103ライフルのライセンス生産工場は、年間5万挺の製造能力を持っている。これはベネズエラの正規軍3万2000人と予備役3万人の需要を優に超えており、数年を経ずして南米から新たなAKアサルト・ライフルの波が押し寄せると推測する人は多い。

2009年暮れ、ロシア国営武器輸出企業「ロスオボロンエクスポルト」は、10カ国が新たにAK-100ライフル製造プラントの建設許可を求めていると報じた。報道では国名は伏せられているが、主に南米と中東の国々だ。

ベネズエラのライセンス生産工場も操業までに6年を要した。AK-100ライフル製造プラントの建設には、交渉、準備、プラント建設、工場作業員の訓練に多くの時間を要し、実際に建設されて稼動するのはまだ先の話である。

AK派生型ライフル

1970年代初頭、AKMライフルを改良した5.45mm口径のAL-7ライフルが試作された。このライフルには1960年代に開発された反動軽減システムが組み込まれていた。これは弾丸を発射すると、同時に射撃反動を相殺する重りを前進させる構造だった。

だが、この構造はライフルの重量を増加させるうえ、生産コストが高くつき、従来の生産ラインに大きな変更を必要とした。このため、従来型ライフルの改良型であるAK-74ライフルが制式化された経緯があった。

この反動軽減システムは「安定化機構」（バランスアクショ

ン）とも呼ばれ、AK-100ライフル・シリーズの新型5.45mm口径AK-107と5.56mm口径AK-108に内蔵されている。現在までのところ、これらのライフルの販売実績はない。

ロシアの大手兵器メーカー「イジェブスク・メカニカル・ワークス」は2010年5月、改良型AK-74Mを原型にしたAK-200シリーズの試験を2011年より開始すると発表した。同社の自費開発プロジェクトであるAK-200は重量軽減などの改善がなされ、装弾には30、50、60発マガジンを使用する。口径は7.62mm×39、5.45mm×39、5.56mm×45の3種類で、フルサイズ、カービン、サブマシンガンの3バージョンが開発される予定だ。

もうひとつのAK派生型ライフルは、中央アジアの草原に生息する絶滅に瀕したカモシカの一種にちなんで「サイガ」と名づけられた民間向けのセミ・オートマチック狩猟用ライフルだ。口径として.30-06弾薬（7.62mm×63）、7.62mm×51 NATO弾薬（.308ウィンチェスター）、5.5mm×39弾（.220ロシアン）、5.56mm×45 NATO弾（.223レミントン）、5.45mm×39弾薬などが供給される。

ライフルのほかに、12ゲージ散弾や410ゲージ散弾を使用するショットガンも作られ、モデルによって3発、5発、7発、そして10発マガジンを使用する。これらは軍用銃の外観を残しており、市販の猟銃としては成功しなかった。

汎用性の高いカラシニコフ・システム

カラシニコフ・システムは頑丈さと信頼性で知られ、アサルト・ライフル以外の武器にも応用が利く設計だった。このため、ほかの小火器に組み込まれるまでにそれほど時間はかから

なかった。ちなみにRPG-7対戦車榴弾発射器と9mm口径マカロフ拳銃を除き、ロシア軍歩兵小隊に配備されている兵器はすべてカラシニコフが設計した作動方式をベースにしている。

最もよく知られている兵器は、PK機関銃とPKM機関銃（ロシア語でカラシニコフ・マシンガンとカラシニコフ近代化マシンガンの略）で、腰だめ射撃、二脚や三脚を利用した依託射撃ができるほか、車載機関銃としても使用されるベルト給弾式汎用機関銃だ。フルパワー・ライフル弾の7.62mm×54R弾薬を使用し、カラシニコフ・システムがより強力な弾薬にも対応できることを証明した。

PK機関銃（1961年制式化）とPKM機関銃（1969年制式化）の重量は、それぞれ9キログラムと7.5キログラムで、西側が配備する類似の機関銃より軽い。PKTとPKBは装甲車両搭載型で、後者はヘリコプターにも装備されている。

光学照準器を装備したドラグノフ狙撃銃（SVD）にも、カラシニコフ・システムに似た構造が組み込まれている。開発したのはエフゲニー・ドラグノフの設計チームだが、作動方式はカラシニコフ・システムがベースになっている。ドラグノフ狙撃銃（SVD）は、1963年に採用され、7.62mm×54R弾薬を10発マガジンに装填して使用する。

ルーマニア軍は7.62mm×54R弾薬を使用するPSLセミ・オートマチック狙撃銃（別名FPK）を使用している。外観上はSVDに似ているが、内部メカニズムはカラシコフ・ライフルに近い設計だ。

種類が多すぎてそのすべてを本書で紹介することはできないが、カラシニコフ・アサルト・ライフルの派生型は十数カ国で

フィンランド製ワルメットRK62ライフル（M62）

製造されている。いずれもAK-47をルーツとするコピーで、高品質のものから怪しげなものまでさまざまだ。

　性能改良型を独自に開発した国もあり、事実上まったく新しいライフルになった例もある。イスラエル製ガリルARM（アサルト・ライフル・マシンガン）ライフル、南アフリカ製ベクターR4ライフル、フィンランド製ワルメットRK62ライフルなどである。国によっては、民間向けにセミオート射撃限定モデルを製造している。

　AKライフル派生型は、以下の国々で生産されている。アルバニア、ブルガリア、中国、東ドイツ（当時）、エジプト、エチオピア、フィンランド、ハンガリー、インド、イラク、イラン、イスラエル、ナイジェリア、北朝鮮、パキスタン、ポーランド、ルーマニア、セルビア、南アフリカ、スーダン、ベトナム、ベネズエラ、ユーゴスラビア（当時）。

　ブルガリア、中国、東ドイツ（当時）、ポーランドおよびベネズエラはAK-74ライフル派生型も製造した。この派生型には5.56mm×45NATO弾薬を使用できるように改造されたものもある。

1972年、勝ち誇ってカラシニコフAK-47ライフルを空にかざす北ベトナム軍兵士。(Mary Evans Picture Library/Salas Collection)

第5章
AKライフルの使い方

全自動火力を重視するソビエト軍

　AKアサルト・ライフルは地球上で起きたあらゆる種類の武力衝突で使用されてきた。戦場にはすべての気候と地形が含まれる。個人武器ではあるが、それをいかに使うかは戦況やユーザーの創意工夫次第で異なった。

　AKライフルの使用法はきわめて簡単だ。レシーバー右側面のセレクター・レバーを安全モードにセットし、装弾したマガジンを挿入する（セレクター・レバーの位置に関わりなく挿入することはできる）。この際、マガジン上端の前部突起が挿入口の先端の凹部にかみ合うよう前に倒して傾けて差し込む。かみ合ったら、マガジン・キャッチが作動するまでマガジン下端を後方に回転させる。

　セレクター・レバーを安全モードにセットすると、ボルト・キャリアーもロックされ、ボルトを後退させてマガジンの弾薬を銃身の薬室（チャンバー）に装填することができない。そのため射撃前の準備として2つの方法がある。

　1つは、射撃直前にセレクター・レバーを安全モードから押し下げて、ボルトを引き、弾薬を銃身の薬室に装填する方法。もう1つは、セレクター・レバーを押し下げてボルトを後退させ、銃身の薬室に弾薬を送り込んでから、再度セレクター・レバーを安全モードに戻す方法だ。

　射撃する際にはセレクター・レバーを押し下げて発射モードを選択する。1段目（中段）がフルオート射撃、2段目（下段）がセミオート射撃である。M16ライフルは順序が逆で、左側面にあるセレクターの最初の位置はセミオートで2番目がフルオートになっている。

このセレクター・レバーの設定は、AKライフルとM16ライフルの対照的な運用思想を反映している。接近戦での圧倒的な全自動火力を重視するソビエト軍にとって狙撃は二の次だった。これに対し、米国をはじめとする多くの国々は狙撃を重視し、緊急時のバックアップとしてフルオート射撃を利用した。

ただちに射撃する必要がない場合はセレクター・レバーをいちばん上まで上げて安全モードにする。こうすると、ボルトは30mm後ろに後退させた位置でブロックされ、それ以上後退できなくなる。したがって目視で薬室への装弾を確かめることはできない。

AKライフルの照準方法

AKライフルの照準は、まずフロント・サイト（照星）の上端を標的の着弾点に合わせる。次にリア・サイト（照門）のV字型切り込みとフロント・サイトを合わせ、リア・サイト両側上端とフロント・サイトの上端が一直線に並ぶように照準する。

左手でハンドガード（先台）を、右手でピストル・グリップを握り、ストック後面を右肩の窪み部分にしっかり押しつける。AKの排莢口はかなり前方に設定されており、左利き射手でも顔面に排出された空薬莢が当たる危険はない。

ロシア陸軍は利き腕にかかわらず右肩で射撃することを教育している。薬莢は右上方に数メートル勢いよく排出される。教本ではハンドガードを握ることになっているが、マガジンを握って保持・射撃する者もいる。

マガジン・キャッチが脆弱なライフルではこの方法は薦めら

2003年ガザ地区南部で訓練するパレスチナ過激派。折りたたみ式ストック装備のAK-47Sライフルで武装している。(Howard Davies)

れない。AKライフルのマガジン・キャッチは頑丈で、射撃反動に十分堪えられ脱落することがないために、ソビエト／ロシア軍はマガジンの保持を認めている。

多くのアサルト・ライフルと異なり、AKライフルのマガジン・キャッチはロックがしっかりしており、重量のある2個のマガジンをテープで束ねた状態で装着・使用しても装弾不良は起きない。

RPK軽機関銃を伏せ撃ちする場合、大型のストックのくびれ部分を握るか、くびれ部後端の湾曲部に左手を添えて肩付けを安定させて射撃する。AKライフルと同様にハンドガードを左手で握って射撃することも可能だ。

射程は、リア・サイト・スケール両側のボタンを親指と人差し指で押しながら前後にスライドさせ、サイト・リーフ（照尺）の射程距離目盛数字に合わせて調整する。

サイト・リーフに刻印された射程距離は見やすいように白色あるいは赤色で塗られていることが多い。戦闘照準に合わせるには、バーをいちばん後方のП（キリル文字のＰ）と刻印された位置までスライドさせる（国によって戦闘照準表示の刻印は異なる）。戦闘照準は300メートルの距離で人間大標的の中心に命中するセッティングだ。

AKライフルのリア・サイトには左右の調節機能がない。クリーニング・キットに含まれるレンチを使いフロント・サイト自体を右に（時計回り）に回転させると着弾点が下がり、左に（反時計回り）回転させると着弾点が上がる。

左右の着弾点修正（ウィンデージ調整）は部隊の武器係が専用工具を使って行なう。いったん照準の左右着弾点を修正した

AKライフルの使い方　109

AKライフル教本には多くの射撃姿勢が定められている。立ち撃ち、依託立ち撃ち、膝撃ち、座り撃ち、伏せ撃ち、さまざまな車両からの射撃、そして移動しながらの突撃射撃である。スキー装着時に対応する射撃姿勢もあり、イラストはストックを用いた依託射撃である。

ら兵士は再調整しない。

AKライフルの射撃と分解法

　AKライフルは立ち撃ち、膝撃ち、座り撃ち、しゃがみ撃ち、伏せ撃ち、そしてタコツボの縁や窓、装甲兵員輸送車、壁、木の幹などに銃を密着させる依託姿勢で射撃する。突撃射撃の場合は、ストックを脇の下に挟むか、肘で腰に押し付けて保持し射撃する。

　セレクター・レバーをセミオートかフルオートにセットしたら、右側面のコッキング・ハンドルを勢いよく後方に引き、そのまま手を放してマガジンから薬室に弾薬を装塡する。この

東ドイツ国家人民軍の士官が歩兵の射撃姿勢を直している。兵士が持つのは東ドイツ製AKMライフル派生型のMPi-KMライフル。銃床とピストル・グリップは濃茶色のプラスチック製で、前者には滑り止めのビーズ状加工が施されている。背景の銃はIMGK分隊支援機関銃（東ドイツ軍のRPK分隊支援機関銃の呼称）。

時、コッキング・ハンドルに右手を添えてゆっくり戻す必要はない。

　通常は左手でハンドガードを握り、右手でコッキング・ハンドルを引いて装填するが、右手でピストル・グリップを握り左手を銃の右側に伸ばしてコッキング・ハンドルを引いてもよい。装填はどちらの方法でも迅速にできる。

　セレクター・レバーが固くて動かしにくいことと、射撃モードを選択する時に大きな音がするのはAKライフルの設計上の欠陥といえる。

　引き金は「ガク引き」にならないよう、均等にしっかりと圧をかけて引く。AKライフルは弾薬が銃身に送り込まれ、ボル

東ドイツ軍の軍曹が新兵にMPi-K（AK-47）ライフルの射撃を指導している。リア・サイトの後ろに着脱式半透明ミラーが取りつけてあり、射撃コーチが新兵のサイトピクチャー（標的とフロント・サイト、リア・サイトの位置関係）を見ることができる。後ろに見える小型の三脚は照準を合わせる際に銃を安定させるもの。写真はライフルの銃口部にアルミ色（写真では白）の空砲アダプターが装着されているところから、実弾を使用していない照準訓練であることがわかる。

トが閉鎖された状態から発射する（クローズド・ボルト）方式である。したがって多くのサブマシンガンのように、引き金を引いたときに前進するボルトによる振動が起こらない。

　銃声は鋭く、反動は中程度である。フルオート射撃は引き金に圧をかけてはゆるめて3〜5発の連射を繰り返し、連射の合間に照準を標的に戻す。フルオート射撃での銃身の跳ね上がり

は激しいものではないが、着弾はかなりばらつく。100メートル以上の距離で人間大標的にフルオート射撃してもほとんど効果はない。

　マガジンが空になるとボルトは前進した状態で停止する。AKライフルは、マガジン内の全弾薬を発射後にボルトを後退位置で停止するボルト・ストップ機能が組み込まれていない。

パレスチナ人民解放戦線の兵士がカラシニコフ・アサルト・ライフルを組み立てている。1969年初頭ヨルダン。(米国議会図書館)

　マガジンの交換は、マガジン・キャッチ・レバーを前方に押し、マガジン下端を前方に回転させるようにして抜き取る。
　フルオート射撃する武器は、コックオフ(過熱により薬室に装填された弾薬が自然発射されてしまうこと)を防ぐ観点からは、射撃間にボルトが後方で停止するオープン・ボルト方式の

ほうが銃身の冷却効果が高いために望ましい。カラシニコフの
PK汎用機関銃はオープン・ボルト方式が組み込まれている。

　AKシリーズが採用したクローズド・ボルト方式の利点は、
引き金を引く時に動く部品がないので銃に不要な振動が起こら
ず、命中率が高まることと、射撃間に排莢孔から異物が侵入し
にくいことである。

　RPK分隊支援機関銃をフルオート射撃すると、銃身が急速に
過熱する。もしRPK分隊支援機関銃がオープン・ボルト方式を
採用していたら、もっと効果的な連続射撃が可能になったとい
う指摘もある。

　AKMライフルと大半の派生型を分解する場合は、まずマガジ
ンを取り外し、セレクター・レバーをフルオートかセミオート
にセットし、コッキング・ハンドルを後方に引いて薬室に弾薬
がないことを確認する。このときにハンマーもコックされる。

　リコイル・スプリング・ガイド後端部（レシーバー・デッキ
カバーの後端から突き出た四角の小さなボタン）を押し、レシ
ーバー・デッキカバーの後端を持ち上げてレシーバーから外
す。リコイル・スプリング・ガイドを前方に押しながら後端を
持ち上げライフル後方に抜き出す。次にボルト・キャリアーを
後退させて取り外す。リア・サイト基部右側にある分解ラッチ
を上向きに回転させたあと、上部ハンドガード（先台）の後端
を持ち上げて取り外す。最後に、ボルト・キャリアーからボル
トを回転させて取り外す。

AKライフルの使い方　115

モンゴル陸軍（多用途軍の名称で知られる）の将校が折りたたみ式ストックを装備したソビエト製AKMSライフルを手に、アフガニスタンに派遣されるアメリカ兵に説明している。この小銃は1960年代初めに製造されたと思われるが、いまだに現役で使われている。モンゴルは平和維持軍をアフリカ全土とコソボに派遣した。(Tom Laemlein)

第6章
世界の戦場へ

AK-47ライフルの配備

AK-47ライフルの生産は1949年に開始された。初年度は製造数が8000挺にすぎず、遅々としたペースだった。間もなく生産ピッチが上がり、1956年以降、ソ連軍に広く配備されるようになった。

AK-47ライフルが主要部隊に行き渡ったのは、1960年代初頭になってからだった。当初、軍への配備は不均等で、AK-47ライフルとSKSカービンが混在する部隊や、旧式のボルトアクション式モシン・ナガンライフルとAK-47ライフルが併用される部隊もあった。

AK-47ライフルを最初に完備したのは、空挺部隊と特殊任務部隊「スペツナズ」で、ドイツ（東ドイツ）駐留ソ連軍の師団とワルシャワ条約機構諸国に前方展開するソ連軍がこれに続いた。最終的に西部軍管区の後方部隊とモスクワ周辺に駐屯する部隊、中国に隣接する極東地域の部隊に支給された。

師団隷下の戦闘部隊が最初にAK-47ライフルを装備し、しかるのち支援部隊に支給されたので、後者ではSKSカービンをしばらく使い続けることが多かった。最後にKGB（ソ連国家保安委員会）、国境警備隊、内務省治安部隊にも配備された。

ワルシャワ条約機構加盟国の軍隊の多くは、1960年代初頭にそれぞれAK-47ライフル派生型を装備し始めた。

当初、AK-47ライフルの配備が迅速に進まなかったこともあり、西側はAK-47ライフルをあまり重要視していなかった。分隊レベルでAK-47ライフルとSKSカービンが併用されていると誤って判断された。

またAK-47ライフルが使用する中間弾薬は威力不足で射程が

短く、弾薬を浪費するオートマチック火力と引き替えに、狙撃能力を犠牲にしていると評価された。

同じ時期、NATOと第三世界を含む西側の多くの国々は、強力な7.62mm×51弾薬を使用するベルギー製FN FALライフルなどのオートマチック・ライフルを配備している最中で、アメリカも同じ7.62mm×51弾薬を使用するU.S.M14オートマチック・ライフルを制式化したところだった。[原注7]

（原注7：FN FALライフルおよびU.S.M14ライフル、ドイツ製のHK G3ライフルなどはフルオート射撃も可能なように設計されていたが、使用する7.62mm×51弾薬は強力すぎ、事実上、全自動射撃をコントロールできなかった。そのためアメリカやイギリスなど一部の国ではフルオート射撃機能を取り外した。そのまま使用した多くの国々ではフルオート射撃を緊急時に限定し、腰だめで射撃するように教育した。

東西陣営が採用した異なる戦術思想から、両者の制式ライフルの特性に違いが生じた。ソビエトとワルシャワ条約機構軍は近距離での圧倒的な制圧火力を信奉し、遠距離の敵に対しては部隊に配備された長射程の全自動火器で補完する戦法をとった。対する西側諸国軍はできるだけ遠距離からの精密射撃で敵と交戦する戦術を重視し、全自動火器はこれを補うためとした。

東西両陣営どちらの考え方にも一長一短があり、どちらか一方だけでは理想的な戦術とは言えない。しかし現実を冷静に分析・評価する場合、ワルシャワ条約機構軍と西側諸国軍の間に接近戦闘が起きていたら、猛烈な集中制圧射撃に西側諸国軍が見舞われていたことは間違いない。

世界の戦場へ　119

　非ロシア系兵士の多くはロシア語の教育を受けていたが、その語学力には限界があった。80以上の民族からなるソビエト軍にとって、取り扱いとクリーニングのための分解・結合が容易なAKアサルト・ライフルはまさに理想的な兵器だった。

　SKSカービンはきわめて限定的だが、朝鮮戦争（1951〜53年）で使用された。AK-47ライフルはソビエト軍に配備されていたにもかかわらず、秘密保持からまったく使用されなかった。1956年11月4日、ハンガリー動乱（10月23日〜11月10日）に

AK-47ライフル「タイプⅡ」を持つ覆面姿の反乱軍メンバー。ストックのくびれ部に補強板が付いていることに注目。タイプⅡは1949〜53年にかけて製造された。写真の銃は60年前に作られたものだが、まだ現役である。(イラクで撮影)

際して、ソビエト軍が鎮圧のために侵攻し、AK-47ライフルの存在が一般に知れ渡った。

「反帝国主義者」のライフル

　超音速戦闘機や最先端通信システムなどの高性能兵器を装備し、情報機関の支援を受けて戦う軍隊が、AK-47ライフルとRPG-7対戦車ロケット・ランチャーしか持たない、自己犠牲的で、ときに狂信的な敵に苦杯を舐めてきた。

世界の戦場へ　121

兵士はもちろん、銃器に不慣れな女性でも1時間もあれば反動の少ないAK-47ライフルの扱いが習得できる。高度な訓練を受けた兵士には及ばないにせよ、愛国心に燃えAKライフルを手にした即席戦士たちは、敵に甚大な損害を与えた。

　米ソの冷戦が熱い戦争になることはなかったが、AK-74ライフルでソビエト軍兵士に射殺された米兵が1人だけいる。軍事連絡任務担当の陸軍情報部士官アーサー・ニコルソン少佐だ。1985年3月24日、東ドイツのソビエト戦車格納庫を撮影中に撃たれ、冷戦中に犠牲になった最後の米兵となった。

　AKライフルによる冷戦最後の犠牲者はクリス・ギュフロイである。1989年2月6日、東ドイツから脱出するためベルリンの壁を乗り越えようとしたところ、東ドイツの国境警備隊によって射殺された。

　多くの戦争や反乱、冷戦後に起きた数え切れない紛争で、何十万人もの人々がミハエル・カラシニコフの生み出したオートマチック・ライフルで命を落としたのだ。

　ソビエトは、金利と同様に特許権使用料を最も資本主義的なものと捉えていたこともあり、AKライフルは20カ国以上で製造されながら、ワルシャワ条約機構加盟国以外で特許権使用料を払ったのは中国、トルコ、スロバキアの3カ国にすぎない。ほかの多くの国々はAKライフルを分解・模倣し、無許可で製造した。AKライフル用の弾薬も同様だった。

　開発当初、ソビエトはAK-47ライフルを国外の軍隊に供与することは考えていなかったが、西側諸国に対立する勢力に無償で配布すれば、金銭的利益以上の見返りがあることに気がついた。

真剣な表情でAKMライフルを見せるアフガニスタンの若きムジャヒディン。戦士階級が存在する社会では、成人の証しとして10代の少年に武器が与えられる。多くの場合、その武器はAKアサルト・ライフルだ。(Pascal Manoukian)

その結果、AKライフルは「反帝国主義者のライフル」として、中東、アジア、アフリカ、南米に普及していった。「敵の背後に敵を作る」という戦略に基づきワルシャワ条約機構加盟国もそれぞれのAKライフル派生型を提供した。また、中国は56式ライフル（中国製国産AK-47ライフル）をはじめとする武器の輸出で国家戦略を推進した。

世界の至るところで、政権や反乱軍、部族軍、麻薬組織、犯罪組織に忠誠を誓う新規加盟者に統率者からAKライフルが褒美として与えられ、団結心を固める儀式が行なわれてきた。

21世紀の今日でも、根強い部族文化が残る開発途上国では、AKライフルを所有することが成人の証しと見なされている。これらの国や地域では、槍や盾、頭飾り、スカリフィケーション（訳者注：皮膚に切れ込みなどを入れて文様を描く風習）、入れ墨、あごひげなどと同様、AKライフルが現代の戦士を象徴するものになっている。

AKライフルは軍隊や反乱軍、民兵などで使用されるだけでなく、麻薬密輸業者や誘拐団などの犯罪組織にも浸透している。

ソビエトがアフガニスタン共産党を支援し、米中央情報局（CIA）がムジャヒディン民兵組織に中国製やポーランド製のAKライフルを供与したことから、アフガニスタンとパキスタンに大量のAKライフルが流入した。

エジプトとトルコも、アフガニスタンの武装勢力にAK-47ライフルを売却した。成人になってもAKライフルを手にするまでは男ではないという「カラシニコフ・カルチャー」がこうして生まれた。

AK-47ライフルで武装し、南ベトナム軍陣地に突撃する北ベトナム軍兵士。プロパガンダ用の宣伝写真だが、1967年以降、AKライフルと派生型が北ベトナム軍の主力小銃だったのは事実だ。(Tom Laemlein)

　幼い男児ですらAKライフルを保持する一部のアフリカ地域も同様だ。タリバンがアフガニスタンを追われた2002年、アルカイダが運営する20カ所のテロリスト訓練所でもAKライフルが使われていた。

　1980年代初頭、中国からアフガニスタンに密輸されたAKライフルは150米ドルで手に入った。紛争に揺れる国々の盛衰は、AKライフルの闇価格を見ればわかる。武器商人の中にはAKライフルの価格の高低でその国の安定度を判断する者もいたほどだ。

　地域によっては、地方選挙や民衆蜂起、部族同士の虐殺、あるいは予期された政変の直前に、AKライフルの価格が100米ド

仇敵のボラナ族を警戒し、AK-47ライフルを手にチュー・バハー湖をパトロールするハマー族の戦士（2001年エチオピア）。スーダンから流入し拡散したカラシニコフ・アサルト・ライフルが部族間対立をさらに危険なものにしている。アフリカ全土で広く使われているAK-47ライフルは、この地域で穀物を入れるカゴや槍、農機具と同じ日常品となった。（Remi Benali）

ルから400～500米ドルに急騰したこともある。

　その一例がレバノンだ。2005年、ラフィーク・ハリリ首相が暗殺される前は300米ドルだったAKライフルが、暗殺に続き市街戦が勃発すると1週間で2倍になった。翌2006年にイスラエルとヒズボラの武力衝突が発生するや、価格は3倍に跳ね上がった。

　紛争の種類や地域によって異なるが、AKライフルの入手ルートは複雑である。政府が合法的に購入したものに加え、戦場で鹵獲されたり、襲撃した武器庫から略奪されたりしたもの、

闇市場で売買されたもの、協力的な隣国から密輸されるか、第三国が供給したものなどさまざまだ。

社会主義友好国や反西欧主義をかかげる反乱軍、「民族解放戦線」などを支援する目的で、1960年代から80年代にかけてソビエトやワルシャワ条約機構諸国、中国などがAKライフルを供与した。

紛争がエスカレートし国連の制裁措置がとられる前に、紛争当事国はAKライフルで溢れ返り、新たに輸入する必要はなくなっていた。このため、国連の武器禁輸処置は地域紛争の抑制にほとんど役に立たなかった。

中東全域に浸透したAKライフル

米軍がAK-47ライフルに初めて広範に遭遇したのはベトナム戦争だ。SKSカービン（中国製56式）で武装していたベトナム人民軍（北ベトナム軍）は、1967年になってAK-47ライフルと交換した。余剰になったSKSカービンはベトナム解放戦線（ベトコン）に供与された。

北ベトナム軍が使っていたAKライフルの多くは、中国製の56式ライフルだったが、ワルシャワ条約機構国製のAKライフル派生型も含まれていた（中国ではSKSカービンもAK-47/AKMも、制式化された年からひとまとめに56式と呼ばれた）。

1967年の第3次中東戦争でエジプト軍とシリア軍は、ソ連から開戦前に供与されたAK-47ライフルで武装していた。AK-47ライフルの性能は十分だったが、イスラエル軍の優れた戦術の前に戦況をくつがえすことはできなかった。

エジプトでライセンス生産されるようになったAKMライフル

世界の戦場へ　127

M16A1ライフルで武装したベトナム共和国軍（南ベトナム軍）の陣地を制圧するベトナム人民軍（北ベトナム軍）兵士。同軍兵士はAKMライフルで武装している。背景にRPG-2対戦車ロケット・ランチャーを発射しようとする兵士が見える。(Tom Laemlein)

は、その後、アラブ・イスラエル戦争のすべてに投入され、パレスチナ解放戦線の下部組織やテロリスト集団にも使用された。

この地域に供給されたAKライフルは、エジプト、イラン、イラク、スーダンで製造されたものだけでなく、ソビエトと中国もおびただしい数量を供給した。その結果、AKライフルが中東全域に浸透した。

イラクは1970年代半ばにソビエトからAKMライフルの購入を開始した。中国の56式ライフル、ハンガリー製AK-63ライフルに加え、ポーランドのKbKライフル、東ドイツ製MPi-Kライフル、ルーマニアのAIMライフルも合わせて輸入した。

1980年代になると、イラクはユーゴスラビアの技術援助と部品支援を受け、タブク・オートマチック・ライフルを国産化した（タブク：紀元630年、東ローマ帝国と現在のサウジアラビア間のタブクの戦いにちなんで命名された。歴史上この戦いはなかったとされている）。

タブク・オートマチック・ライフルはユーゴ製M70と同型だが、コスト削減のために銃身内と薬室にクロムメッキが施されていない。多国籍軍は、1991年と2003年の湾岸戦争およびその後のイラク戦争で多くのAKライフル派生型に遭遇した。米軍の爆撃により工場が破壊され、タブク・オートマチック・ライフルの生産は打ち切られた。

イラク軍と警察部隊が再建された際、制式小銃には使い慣れたＡＫライフルが選ばれた。多くは老朽化しており、米国はボスニア、ポーランド、そして中国からＡＫライフルを新規購入し供給した。

AK-47ライフルを発砲するイラクのシーア派民兵。2008年、バスラのアル・ジャンヒリア地区で起きた政府軍との銃撃戦。(Essam al-Sudani)

　2008年になって、新イラク軍と警察部隊は米国製M16A2ライフルとM4カービンに武装を更新した。しかし現在でも、イラクのテロリスト集団や反政府グループ、民兵組織などはAKライフルを使用している。イラクでは警察の許可を得れば、一家に1挺のAKライフルとマガジン1本を自衛のため合法的に所持できる。

世界の戦場へ　131

AKライフルで武装した少年兵

1991年のソビエト連邦崩壊は人々の予想と異なり、発展途上国の地域紛争や反乱の収束につながらなかった。旧ソビエト連邦内では、多くの共和国が分裂し、国粋主義的な民族・文化集団が自由と独立を求めて活動を開始した。

クーデターや内戦が勃発し、地域の混迷が深まるなか、麻薬カルテルは重武装したゲリラ組織になり、過激派テロリスト集団も乱立した。知識と経験を持った長老の仕事だった部族長に、AKライフルで武装した過激派や犯罪者が取って代わった。

開発途上国に何百万挺ものAKライフルが正規ルートで輸出されたほか、武器商人たちが旧ワルシャワ諸国から流出した多数のAKライフルを闇市場で売りさばいた結果、AKライフルは事実上これら地域の生活必需品となった。

ハンガリーやブルガリア、ルーマニア、ソ連邦から分離独立した共和国でも同じことが起こった。ヨーロッパから大量のAKライフルが、民族紛争と権力闘争が頻発したアフリカに流れ込み、溢れかえった。

反乱軍や侵略軍、部族軍の一部は、武器購入資金源として闇市場で売られる通称「流血ダイヤ」（訳者注：紛争国で産出されるダイヤモンド。武器購入に使われることからの命名）をあてた。ナタやRPG-7対戦車ロケット・ランチャーとともにAK-47ライフルが流血を引き起こし、残虐な戦闘行為でアフリカ大陸が寸断された。多くのアフリカ中部の国々でクーデターが頻発し、内戦が長期化した。

AKライフルで武装した軍隊や武装集団は正規の訓練を受けておらず、多くは暴徒と変わりなかった。任務遂行レベルまで

132

アフリカ某所でAKMライフルを手に一服する少年兵。彼らは熟練兵ではないが、きわめて冷酷かつ凶暴である。十分な訓練を受けていなくても、AKを持った少年兵は危険な存在だ。(Reuters)

世界の戦場へ　133

訓練された軍隊も皆無ではないが、旧宗主国の教官から指導を受けた士官や下士官、外国の軍事顧問に率いられた部隊を例外とすれば、正しく照準・整備された武器はないに等しい。

　射撃訓練や戦術に関する教育が不足し、戦闘での射撃統制がなされていないため、銃撃戦はどちらがより派手に撃ちまくり、建物や車両により多くの弾痕を残せるかを競うものになってしまった。

　技量不足の象徴が少年兵だ。凄惨な環境と薬物乱用の結果、敵に対する慈悲をまったく感じない彼らは、至近距離できわめて危険な存在となる。

　現在、アフリカで戦闘行為を行なっている7歳から14歳の少年兵は推定10万人で、少数ながら少女兵もいる。彼ら彼女らの多くは戦争孤児で、拉致されてわずかな報酬で戦闘を強いられている。場合によっては、兵士として強制徴募するために両親が虐殺されることもある。

　戦争や飢餓、疾患、虐待によって何千人もの少年兵が命を落とした。彼らは拉致されて戦うことを強要されるか、金、車、おもちゃなどの報酬に釣られて兵士になる。少年兵の多くを占める孤児は、両親をAKライフルによって殺害されたケースが多い。皮肉にもAKライフルの軽い射撃反動は、非力な子供でも使いこなせる。

　少年兵は子供特有の不死身信仰を持ち、退却することを知らない。推定によると、アフリカにいる兵士の4人に1人は18歳以下で、ジュネーブ協定で兵士と認定される最低年齢の15歳以下の兵士は数千人いると見られている。

　1989〜96年と1999〜2003年の2度のリベリア内戦で、当時の

大統領チャールズ・テイラーは、大隊規模の少年兵部隊を編成し戦闘に投入した。のちにテイラーを裁く戦争犯罪裁判で「体が小さすぎて、AK-47ライフルを地面に引きずって歩く少年兵も見かけた」との証言が出た。

2000年のシエラレオネの戦場で、西側の軍隊は初めて少年兵と遭遇した。イギリス軍の兵士11人が、ウエスト・サイド・ボーイズと呼ばれる民兵組織に拉致され、AKライフルで武装した少年兵に殺害される危険な状況となった。そこで英陸軍特殊部隊ＳＡＳによる救出作戦が行なわれ、イギリス兵は救出されたものの、ＳＡＳ隊員１人が戦死し、少なくとも25人の少年兵が死亡した。

アフリカで起きた多くの紛争の最前線でAKライフルは使用された。1955～72年のスーダン内戦、1964～79年のローデシア紛争、1966～89年にアンゴラと南アフリカの間で起きた国境紛争、1967～70年のビアフラ戦争、1977～92年のモザンビーク内戦、1990～94年の大虐殺で知られるルワンダ内戦、1994年から続いているソマリア内戦などである。

アフリカ大陸へのAKライフルの流入は途切れることがなく、アデン湾で活動するソマリア海賊も大量に使用している。

南米のAKライフル

冷戦後のロシアも、チェチェン紛争（1994～96年と1999～2000年。反乱は継続中）や南オセチア紛争（1991～92年と2008年）などで少年兵と遭遇することになった。アフガニスタン紛争（1979～89年）では、AKライフルがムジャヒディン民兵の主要な個人火器となった。

世界の戦場へ　135

ライフルが成人男性のシンボルと見なされるムジャヒディン
の文化において、伝統的にリー・エンフィールド小銃やモシ
ン・ナガン小銃がその遠距離射撃性能ゆえに重んじられてきた
が、AKライフルが備える全自動射撃火力、大容量のマガジン、
信頼性、なによりゲリラ戦での使いやすさが、これらの旧式ボ
ルトアクション小銃を凌駕した。敵から鹵獲したAKライフル
は、中国などから密輸されたものより珍重された。

　南米の正規軍の中には、ペルーやベネズエラのように1950～
60年代に制式化したFN FALライフルの後継としてAKライフル
を採用した国もある。

　キューバは国内でAKMライフルのライセンス生産を行ない、
自国軍隊の装備に使用したほか、冷戦時にソビエトやワルシャ
ワ条約機構諸国で製造されたAKライフルを南米およびアフリ
カに受け渡すパイプ役を果たした。

　海外派兵されたキューバ部隊はAKライフルで武装し、アン
ゴラで戦った。だが、カリブ海唯一の社会主義国キューバの関
心は南米だった。ソ連の支援を受けたキューバは、多くの反民
主主義グループ、ニカラグア、グラナダをはじめとする国家、
そしてパナマのノリエガやエルサルバドル内戦（1980～92年）
ではファラブンド・マルティ民族解放戦線に武器を供給した。

　ニカラグアの右翼ゲリラ「コントラ」とサンディニスタ民族
解放戦線の戦い（1979～90年）は、双方がAKライフルを大量に
使用した。アメリカを後ろ盾にしたニカラグアの独裁者ソモサ
は、米国製5.56mm弾薬が使えるようイスラエルのAK派生型
5.56mm口径「ガリル」を供与されていた。しかしソモサは、
1979年サンディニスタが起こしたニカラグア革命で倒された。

136

ガリル・ライフルは優れた小銃ながら、1挺あたり150ドルと廉価だった。

コロンビアでいまも進行中の武装紛争（訳注：2017年6月、内戦は事実上終結）で、ゲリラやテロリスト、麻薬カルテル、反政府左翼ゲリラのコロンビア革命軍（FARC）とコロンビア民族解放軍（ELN）のすべてがAKライフルを使用した。

ペルーの極左武装組織センデロ・ルミノソ（訳注：「輝ける道」のスペイン語、日本大使公邸の占拠人質事件を起こしたことでも知られる）、メキシコなどの麻薬カルテル、その他の犯罪組織なども同様にAKライフルを多用する。

1980年代末、FARCはロシア・マフィアとペルーなどの南米の武器闇市場から大量のAKライフルと弾薬を購入した。2004年に弾薬が涸渇したため、ベネズエラ経由でロシアから弾薬を入手し、補充したと見られている。

南米のマルクス主義思想では男女平等が強調される。この地域で社会主義の影響を受けた反政府グループや麻薬ゲリラ組織の戦闘員には婦女子が多い。FARCには多くの未成年兵がいるが、その多くが少女兵だ。

コロンビアでは、1万1000人以上の少年少女がさまざまなゲリラ組織に属していると見られる。10代の少女らでもAKライフルなら難なく扱うことができる。彼女たちは孤児やストリート・チルドレン、理想主義的な学生だったが、徴兵されたり、強制徴募されたりして兵士になった。未成年兵の中にはゲリラの成人構成員の子供もいる。

世界の戦場へ　137

第7章
AKライフルの対空射撃

折りたたみ式ストック付きAK-47Sライフルで模範射撃を見せるアフガニスタン軍士官。正確な照準に必要な頬付けは木製ストックよりも金属製ストックの方が難しい。(US Army)

ＡＫ-47ライフルの標準的な射撃法

　ワルシャワ条約機構軍の小銃分隊の編制と火力は、国や年代、移動手段によって大きな違いがある。移動手段とは、キャタピラー（装軌）式のBMP戦闘装甲車か、装輪式のBTR装甲車かの違いである。

　分隊長と副分隊長（もしいれば）、RPG-7対戦車ロケット・ランチャー射手の助手、RPK分隊支援機関銃の弾薬手（１～２人）、そして１～３人のライフルマンは全員ＡＫライフルで武装する。RPG-7対戦車ロケット・ランチャーの射手とRPK分隊支援機関銃手はライフルマンの役目も負っている。

　分隊が横１列隊形をとる場合、攻撃でも防御でも分隊長は中央に位置する。指揮をとりやすくし、同時に正面に火力を集中させるため、分隊長の左右にRPG-7対戦車ロケット・ランチャーとRPK分隊支援機関銃手がつく。RPK分隊支援機関銃が２挺あるときには、正面および近接する分隊や小隊とのギャップをカバーする目的で分隊の両端に位置させる。

　標準的な射撃法は、攻撃でも防御でも短いフルオート連射を繰り返す。しかし現実的には150メートルを超える距離でのフルオート射撃は弾薬の無駄である。ベテラン射手はこのような場合、セミオートで射撃した。

　兵士１人が携行する基本的な弾薬量はマガジン４～５本で、残り２本の時点で分隊長に報告することになっていた。マガジンを３～４本入れられるパウチが一般的だが、アフガニスタンに侵攻したロシア軍落下傘兵とスペツナズは、胸部に装着するマガジン３本入りの中国製パウチをとくに好んだ。

　以上がＡＫライフルの軍マニュアルに沿った型どおりの用法

ユーゴ製M70ライフルで武装したボスニア兵。M70ライフルは銃身と一体になったロケット型榴弾発射器を装備している。写真の兵士は警察用ヘルメットとガスマスクを着用し、窓から敵部隊の様子を覗っている。サラエボ近郊ノドブリニヤで撮影。(Imperial War Museum)

である。だが、実際には、戦闘が行なわれる地形や優先される任務、敵味方の練度の違いにより、理論どおりにならなかった。そしてこの事実はこれからも変わることはない。

　多くの場合、練度の低い戦闘員や反乱軍兵士、民兵、少年兵、麻薬ゲリラ、テロリスト、ギャングなどは、ＡＫライフルの取り扱いおよび射撃に精通していない。例外はあるにしても、彼らによって使われる大半のＡＫライフルは戦場で効果的に射撃できるように照準矯正されておらず、手入れも必要最低限か、まったくなされていない場合が多い。

　彼らの射撃法は実際の戦闘には不向きで、射撃そのものの正確さにも欠ける。ＡＫライフルが正しく照準矯正されていないことに加え、不安定な射撃姿勢と誤った照準の仕方、そして射撃中のコントロールができていない。

　少人数の兵士が敵部隊と交戦した際に、敵が特殊な狙撃銃を持たず本格的な狙撃法を行使していないにもかかわらず、「狙撃兵と接触した」と勘違いする場合が多い。実際には、少数の散兵が速射や連射で味方の斥候や本隊に射撃を繰り返し、前進を妨げたり、混乱させたり、負傷・戦死者など士気喪失を誘発する被害を与えているのだ。

　ＡＫライフルはマガジン容量が大きく信頼性があり、50〜300メートルの距離でなら、半自動モードや短連射モードで、ある程度正確に狙撃できる。まさにゲリラ戦法に理想的な武器である。ゲリラ戦で敵の戦意をくじくには、光学照準器付きの長距離狙撃銃は必要ないのである。

　訓練不足の戦闘員の多くは、遠距離の敵を撃つ場合、リア・サイトをターゲットの距離に合わせず、戦闘照準や近距離のセ

ッティングのままで射撃してしまう。これでは弾が標的に届かない。逆にうっそうとしたジャングルでは、姿勢を低くして遮蔽物を利用する敵に対して狙いが高くなりすぎる。

安定しない射撃姿勢と場当たり的な発砲は弾薬を無駄にする。アフリカの少年兵や部族の戦闘集団の中には、奇抜な姿勢で射撃する者がいる。10代の悪ふざけとしか言いようがなく、報道カメラマンが居合わせたりすると、さらに射撃姿勢のパフォーマンスが派手になる。ギャング映画さながらに銃を横に傾け、踊りながら敵がいるおおよその方向に向けて発砲して見せるが、現実の射撃効果はゼロに等しい。

AKライフルの対空射撃法

AKライフルは個人が使用する武器で、これを用いるための特殊な戦法はそれほどない。例外は、ヘリコプターを撃退するユニークな戦術が編み出されたことである。

エルサルバドルの反政府左翼ゲリラ組織「ファラブント・マルティ民族解放戦線（FMLN）」は、ジャングル戦や対ヘリコプター射撃で、政府軍の5.56mm口径M16ライフルより、7.62mm口径のAKMライフルのほうが効果的であることをすぐに知った。

ジャングル戦や市街戦での優れた貫通性能から、中南米諸国では5.56mm、5.45mmなどの小口径弾薬より7.62mm弾薬のほうが好まれ、大口径のほうが戦闘に際して効果的であるという一般論を裏付けている。

戦闘で7.62mm弾薬の優位性示す一例に、政府軍旅団駐屯地に対するFMLNの攻撃がある。包囲された駐屯地を支援するた

AKライフルの対空射撃　143

1980年代後半のアフガニスタン戦場。3人のロシア空挺部隊員が折りたたみ式ストック付きAK-74ライフルを手に、交戦しながら前進している。イラストの銃は、5.45mm口径のAK-74ライフルの基本的な3種のバリエーションで、左端の兵は45連ドラムマガジン装備のRPKS-74分隊支援機関銃で援護射撃している。機関銃手の携行弾薬量は45連ドラムマガジン4個。先行の7.62mm口径RPK分隊支援機関

銃と異なり、RPKS-74分隊支援機関銃に75連ドラムマガジンは製造されなかった。手前の小隊長はAKS-74uサブマシンガンで武装している。右端の兵が携行しているのはAKS-74ライフルで、空挺部隊に最も普及したアサルト・ライフルだ。イラスト左下の「イワシの缶詰」のような容器は使用済みの弾薬箱で、その横に付属品の缶切りが見える。(Johnny Shumate)

め、エルサルバドル国軍ヘリコプターがサンイシドロ市に向かった。ビルの屋上に陣取った少数のゲリラはAKライフルで対空射撃を行ない、ヘリコプターの接近経路を遮断して撃退した。

1993年、アメリカ軍のUH-60ブラックホーク・ヘリコプターが撃墜されたソマリアの「モガデシュの戦い」でも、AKライフルによる対空射撃が行なわれた。アメリカ陸軍レンジャー部隊や国連軍と戦った部族戦闘員は、エルサルバドルのFMLNゲリラほど組織化されておらず、また、意図して防空任務に動員されたわけではなかった。しかし、場当たり的だが、圧倒的な人数による発砲が民兵側に有利に働き、地上部隊を支援していたアメリカ軍のヘリコプターを混乱させた。

民兵は女性や子供をふくむ民間人を人間の盾にしてレンジャー部隊と対決した。遮蔽物の陰からパニックに陥った人々の頭上に向けて発砲し、平然と民間人の股間に向けて撃つ者さえあった。AKライフルを持った子供や10代の若者がレンジャー部隊に向かって肉弾突進したとの報告もある。群集心理で我を失い、路上のAKライフルを拾い上げて戦闘に加わった者もいたが、その多くは「死にたくなかったら武器をとれ」と脅されて突撃した。

ソビエト軍と現在のロシア軍は、固定翼機やヘリコプター、落下傘兵などに対するAKライフルの対空射撃法を確立しており、マニュアルで教育している。航空機目標には徹甲焼夷弾薬か曳光弾薬が望ましいが、もしなければ普通弾薬で代用した。

目標によって異なる射撃法が必要になる。固定翼機が射手に向かって降下してくる場合は、サイトを戦闘照準にセットし700

〜900メートルまで近づいたところで発砲を開始する。

　時速530キロ以上で横方向に飛ぶ航空機に対しては、機首の前方を狙い、分隊や小隊レベルで一斉射撃する。これはバリア射撃と呼ばれ、敵機は弾幕に飛び込み被害を受ける。ヘリコプターなど低速で飛ぶ航空機の場合は、距離を考慮して機体の1〜2倍ほど先を狙って射撃する。500メートル離れた目標まで効果が期待できる。曳光弾薬を使用できる場合は、射撃しながら射角を目標に向けて調整する。

　曳光弾薬は移動目標に対する照準調整でとくに有効だ。入手可能なら、普通弾3〜5発に1発の割合で射撃するのが望ましい。軽装甲兵員輸送車やトラックなど、いわゆるソフトスキン車両を撃つ場合は、徹甲焼夷弾と普通弾を半々の割合で装填する。

　口径の小さな5.45mm口径の徹甲焼夷弾の供給はほとんど行なわれていないので、徹甲弾と普通弾の組み合わせで代用する。マニュアルにも徹甲焼夷弾に関する記述がほとんどないことから、主にRPK分隊支援機関銃の弾道低落量を検出するために使われていると推測される。

　ベトナム戦争中、ベトコン兵士は着陸体勢で近づいてくるヘリコプター（300メートル以内）に対し、移動距離を見越して機体1機分先を狙って発砲するよう訓練されていた。

　落下傘兵は垂直降下するわけではないので、降下方向を計算し、進行方向の下方を狙って射撃する。

7.62mm口径か、5.45mm口径か？

　アメリカ軍はベトナムで初めてAKライフルに遭遇した。多くは中国製56式ライフルだったが、北ベトナム軍はこれを最大限に活用した。竹などがうっそうと茂ったジャングルでは、自由主義諸国軍の5.56mm口径M16ライフルや、.30口径M2カービンよりはるかに貫通性能に優れていた。

　幹線道路沿いでアメリカ軍の車列を待ち伏せするのがベトコンの常套戦術で、AKライフルが備えた適度な射程、高い発射速度と30連マガジン、トラックの運転台や車体をたやすく撃ち抜く7.62mm弾はきわめて有効だった。鉄条網で囲まれた火力支援陣地に対する襲撃と陣地内突入後の接近戦でも効果を発揮した。

　筆者の知り合いに、1982〜83年にかけてアフガニスタン戦争に参加した旧ソビエト空挺部隊員がいる。アフガニスタンに派遣される直前にAKMSライフルに代わりAK-74Sライフルを支給され、アフガニスタンを模したウラル山脈の丘陵地帯のトレーニング施設で長距離射撃などを重点的に訓練したという。

　落下傘兵は軽量のAK-74ライフルの支給を喜んだが、戦場に出るや5.45mm弾の有効射程は7.62mm弾より短いことを思い知らされた。日干しレンガ造りの家屋に対する貫通性能でも7.62mm弾に劣っていた。

　最も憂慮すべきことは、戦争後半になるとムジャヒディン民兵にもソビエト軍から鹵獲したAK-74ライフルで武装した者が多数いたことだった。おかげでソビエト空挺部隊員もAK-74ライフルによる無残な銃創を負う羽目になったという。

　この知人を含め、落下傘兵はAKMSライフルもAK-74Sライフ

ルも頑丈で信頼できるアサルト・ライフルだと思っているが、もし選択の余地があるなら、7.62mm口径のほうを選ぶという。なかには、敵に重傷を負わせる殺傷能力の高さから5.45mm口径を選ぶ者も何人かはいた。

チェチェン共和国のグロズヌイ、イラクのファルージャ、パレスチナのガザ地区など、最近の紛争の多くは市街地で戦闘が行なわれている。接近戦では、AKライフルはコンパクトで使い勝手がいい。さらに7.62mm口径ならドアや内壁、床や天井を十分に撃ち抜くことができる。7.62mm弾丸は自動車の車体に対しても有効で、浅い角度で車のガラスに命中しても、ほとんど貫通する。同じ条件の場合、5.56mm弾丸は跳弾になりやすい。

頑丈なAKライフル

AKライフルは使用者の練度に左右されない信頼性と頑丈さで定評を得てきた。これは部品ごとの許容誤差（公差）が大きくとられているにもかかわらず、組み立てると効果的に作動する設計がとられているからだ。

AKライフルのどの部分も耐久性があり、兵士による手荒な扱いに耐える構造になっている。ロシアはAKライフルの耐用年数を少なくとも25年と見積っている。

複数の報告によれば、戦死した北ベトナム兵とともに数カ月間も地中に埋められ、錆びだらけとなったAKライフルが、そのままで発射できたという。金槌代わりにAKライフルのストック（銃床）でテントの支柱を打ち込んでも銃本体にダメージはない。

マガジンの素材は物によって違うが、いずれも堅牢で乱暴な

ベトナムの戦場で発見された中国製56式（AKM）ライフル。いずれも作動するものと考えられるが、いちばん下の折りたたみストック付き56式（AKMS）ライフルはストックとハンドガードが焼け落ちており、発砲は無理かもしれない。いちばん上はソビエト製SKSカービンの中国版である56式カービン。(Tom Laemlein)

取り扱いにも耐えられる。泥に埋まろうが、砂の中を引きずられようが、凍り付こうが発射可能。それがAKライフルである。

ベトナム戦争に従軍したカンボジア人の仲間が、ジャングルの厚い下生えの中から中国製56式ライフルを見つけた。金属部分はクロムメッキされた銃身内と薬室を除いて完全に錆びており、木製のストックは腐り始めていた。

基地帰還後の点検で、このAKライフルは半自動モードにセットされており、マガジンに8発、薬室にも装填されていることがわかった。セレクター・レバーも薬室の弾薬も錆びついていたが、溶剤を使って錆を取り除くと正常に作動するようにな

り、薬室の弾薬も排出できた。

銃身内を点検し、マガジンに残っていた弾薬１発を装填し引き金を引くと発砲できた。このAKライフルはジャングルの環境に少なくとも１年、あるいはそれ以上放置されていた可能性がある。筆者の私見だが、これがM16ライフルだったら作動・発砲できなかったであろう。

7.62mm弾薬の威力

AKライフルの主な欠点に、射程が比較的短いことと命中精度の不足が指摘されている。一方、AKライフルに比べてM16ライフルが持つ数少ない長所は、銃身の長さだった。AKMライフルの銃身長436mmに対し、M16ライフルの銃身は508mmあり、射程と命中精度でM16ライフルが優位に立った。

しかし今日、アメリカ陸軍の歩兵は従来のM16ライフルに代わり銃身長が370mmのM４カービンを装備するようになった。銃身が短くなった分だけ初速が遅くなり、射程、貫通性能、命中精度とも低下した。

AKライフルは比較的肉厚が薄く、軽い銃身を採用しており、これが命中精度と集弾率の低下につながった。AKライフルは開発初期段階から銃口部が重い銃だった。カラシニコフは軽量小型化を優先し、命中精度と射程を犠牲にしたものと思われる。

AKライフルの集弾率は中距離でも優れているとは言えない。練度の高い兵士は敵兵の胴体中央を狙い、横方向に移動する敵に対しては、見越し射撃（標的の進行方向の前方を狙う）をするよう訓練されている。リア・サイトの射程調節が適切にでき

アフガニスタン紛争時、ソビエト軍の斥候部隊を夕暮れ時に待ち伏せする2人のムジャヒディン民兵。私服とオリーブ色のアフガニスタン陸軍戦闘服を着用している点に注目。左の兵士はAKMライフル、右は中国製56式ライフルで武装している。AKMライフルのリア・サイトはタンジェント式で、100メートルごとに1000メートルまで調整できるが、56式は800メートルまで。「戦闘照準」は300メートルで、リア・サイトの固定解除ボタンを押しながらいちばん後ろに動かすだけでセットできる。正式な訓練を受けた兵士の中には、照準を100メートルに合わせたままにしておく者も少なくない。この場合、100メートル以遠では着弾点が低くなるが、その分を目分量で補正すれば人間大ターゲットの胸部に命中させることができ、リア・サイトの調整が不要になる。(Johnny Shumate)

空や炎、このイラストの場合なら雪を背景とするターゲットを狙う場合は、まずライフルを標的近くの明るい背景に向ける。その後、標的の中央に狙いを合わせて引き金を引く。

るよう、新兵訓練では射距離判定を叩き込まれる。

AKライフル・シリーズの中で最も多く製造された7.62mm×39口径の弾薬は、通常の遮蔽物に対して5.56mm弾丸より優れた貫通性能を持っている。5.56mm弾丸が4.02グラムであるのに対し、7.62mm弾丸は8.9グラムのスチールコア弾（訳注：鋼製弾芯を持った弾丸）で、重量が大きいことがその主な理由だ。

7.62mmAKライフルの弾丸は、掩蔽壕（タコツボ）の盛り土や土嚢、5センチの厚板、直径15センチの材木、厚さ5センチのコンクリート壁などを貫通できる。

スチール・ヘルメットなら距離1000メートルで、厚さ6mmの鉄板は300メートルで、厚さ3.5mmの均質圧延鋼装甲なら280メートルで、ソビエト軍の防弾チョッキは60メートルで貫通する。

BZ AP-I徹甲焼夷弾薬を使えば、厚さ7mmの装甲を200メートルで撃ち抜く。5.56mm軽量高速弾丸は密林や竹やぶでは跳弾になるが、AKライフル普通弾丸なら貫通する。

ベトナム戦争中、筆者が所属した陸軍特殊部隊で、AK-47ライフルとM16ライフルの貫通性能に関して議論が起きた。M16ライフルの高速弾丸は米軍の標準防弾チョッキを貫通するが、初速が遅く図体の大きいAKライフル弾丸では無理だと多くの仲間が主張した。

そこで、防弾チョッキの正面パネルを探してきて部隊宿舎の裏手で実射試験を行なった。仲間の兵士が2メートルの距離からM16ライフルで2発撃ったが、弾丸はどちらもナイロン繊維にからめとられて貫通しなかった（当時ケブラーはまだなかった）。もし兵士が着用していたらひどい青あざを作っただろう

が、命に別状はなかったことが証明された。

　他方、同じ距離から撃った2発のAKライフル弾丸は見事に貫通し、さらに15〜20センチもその背後の地面にめり込んだ。ベトナム戦争を通じて、7.62mmAKライフルの弾丸を防げない防弾チョッキに対するクレームが絶えなかった。最近になって、小火器防御インサート（SAPI）が防弾チョッキの追加装甲として支給されるようになった。

　2001年のイラク戦争およびアフガニスタン紛争以降、不足するハンヴィー（高機動多用装輪車両）用の追加装甲キットの代わりに、戦地で手に入る金属板を装着して緊急の簡易増加装甲とした。これらを兵士たちは「ヒルビリー装甲」（訳注：田舎者の装甲の意味）とか「ジプシー戦車」のニックネームで呼んだ。

第8章
AK-47 vs M16

イラクで行なわれた建物の掃討演習で、AKタイプのアサルト・ライフルを構える米兵。銃身には榴弾発射器、ハンドガードに珍しいモノポッド（単脚）が装着されている。背後で捕虜役のロールプレイ要員がしゃがんでいる。（Tom Laemlein）

実戦で証明されたAKライフルの威力

筆者が初めてAKライフルの銃撃を受けたのは、AKMライフルとSKSカービンで武装したベトコン部隊と遭遇したときだ。交戦距離は50メートル以下で、ベトコンはAKMライフルで短いフルオート射撃を繰り返した。敵の数は少ないものの、AKライフルの火力は相当なものだった。

友軍のカンボジア軍部隊は.30口径M2カービンで武装していた。M2カービンは30発マガジンを装備し、フルオート射撃も可能な性能を備えていた。だが、フルオート射撃すると過熱しやすいうえに銃口の跳ね上がりが激しかったので、セミオート射撃に限定して使用した。

7.62mmAKライフル弾丸は、防御物代わりのゴムの木や広葉樹の幹を難なく貫通したのに対し、軽量でパワー不足の.30（7.62mm）口径カービン弾丸は貫通せずほとんどが跳弾になった。この短い銃撃戦には勝者も敗者もなく、幸い戦死者も出なかった。これはベトナムで体験した数え切れない小競り合いのひとつだが、.30口径カービンでは7.62mmAKライフルにかなわないことを実感させられた。

全員がAKMライフルで武装した北ベトナム正規軍との戦闘ははるかに激烈だった。筆者の中隊はすでにM16A1ライフルを支給されていたが、5.56mm弾丸は低木の茂みや竹やぶで貫通性能が悪く、いとも簡単に貫通してくるAKMライフル弾丸とは対照的だった。

北ベトナム人民軍兵士は2〜4発の連射を繰り返し、30発マガジンのおかげで高い火力を発揮した。これに対し、支給当初のM16A1ライフルは20発マガジンしかなく、銃の過熱とフルオ

ート射撃時の銃身の跳ね上がりを防ぐため、通常はセミオート
射撃を行なった。

優勢な米軍部隊と接触した北ベトナム正規軍の斥候は、躊躇
せず10発かそれ以上連続するフルオート射撃を行なった。北ベ
トナム正規軍の兵士は十分な量の弾薬を携行し、必要なら大量
消費もいとわなかった。

戦闘にAKライフルを使う米兵がいたのは事実だ。しかし、
語られているほど多くは存在していない。AKライフルの銃声
が原因で、同士討ちを招くことから、多くの部隊ではAKライ
フルを実戦で使用することを禁止していた。

また、AKライフルの7.62mm弾薬はアメリカ軍が使用してい
た7.62mm弾薬と互換性がなく、弾薬の補充もできなかった。欠
陥がある銃や不良弾薬による負傷も憂慮すべきことだった。危
険な不良弾薬は実際に存在した。米軍ベトナム軍事援助司令
部・研究観察グループ　（MACV-SOG）が行なった「プロジェ
クト・エルデストサン作戦」で、敵の弾薬貯蔵庫に1万1000発以
上の「爆発する弾薬」（監訳者注）が紛れ込まされていた。

　（監訳者注：この弾薬は薬莢の中に発射薬とともに口径より
　大きな直径のボールベアリングが仕込まれており、発射され
　ると薬室に大きなガス圧がかかり、銃を破壊して射撃手に重
　大な負傷を与える弾薬だった。この弾薬は確かに開発が進め
　られたものの、逆に自軍（米軍）の手に渡り、誤ってAKライ
　フルで使用されると重大事故となる危険性をはらんでいた。
　ベトナムで敵側地域に潜入して紛れ込ませたり、空中投下す
　る計画は中止されたといわれている）

AK-47vs M16　159

イラクで鹵獲されたルーマニア製AIMライフル。AKMライフルの派生型で、ハンドガード部に特徴ある縦型グリップを装備し、間に合わせのスリングとして布きれが使われている。AIMSライフルには折りたたみ式ストックが装備されいる。写真上はロシア製の戦車砲照準器。(Tom Laemlein)

　敵制圧地域深く潜入する陸軍特殊部隊の偵察チームの中には、確かにAKライフルを携行する者がいた。遠方からのシルエットをベトコンや北ベトナム正規軍と見誤らせる目的を兼ねていた。射撃の際にAKライフルの銃声によって敵側の判断を誤らせる目的もあった。敵の斥候と遭遇し、銃撃戦になっても、米軍のM16ライフルの銃声ではないから敵の増援を避けることもできた。

　1980年代に筆者が所属した長距離偵察中隊では、敵軍の武器に精通するために、ルーマニア製AIMライフル（前床に縦型グリップを装備したAKMライフルの派生型）を使って小銃射撃検定を行なっていた。

米陸軍第3軍団の仮想敵任務分遣隊（訳注：敵軍をシミュレートする部隊）はAIMライフルを100挺装備しており、米国製の7.62mm×39AKライフル弾薬を使用して訓練した。

2003年のイラク侵攻後、AKMライフルはイラク駐留アメリカ軍によって広く使用された。M1エイブラムス主力戦車の4人の乗員には、個人装備の9mm口径のM9ピストルと5.56mm口径のM4カービンが2挺支給されていた。イラクの市街戦はきわめて近距離で行なわれたため、戦車兵は車外に出て安全確保のパトロールをする必要があった。このような状況では、乗員らが簡単に手に入るAKライフルを使うこともしばしばあった。

AKライフルは建物などのコンクリートに対する貫通性能と射程がM4カービンより優れているため、AKライフルを好んで使うアメリカ兵もいた。現在、アフガニスタンとイラクに派兵されるアメリカ兵は、前もってAKライフルの基本的な取り扱い実習を受けている。

イラク戦後に新設されたイラク陸軍は膨大なAKライフル弾薬の備蓄があり、使い慣れた同ライフルを採用し、当初アメリカ製のM16ライフルの配備を拒否した。アメリカはこの要求をのみ、1989年以降に製造された新品のAKライフルと固定ストック装備の派生型AKライフルを、マガジン4個と標準装備をセットにしてイラク軍とヨルダン軍に支給した。

2007年になって、イラク軍とイラク国家警察に対し、以前の判断を覆して、M16A4ライフルとM4カービンを配備し始めた。

AK-47ライフル対M16ライフル

世界で最も広く使われているAK-47アサルト・ライフルとM16ライフルは、これまでにしばしば比較されてきたが、両者の優劣を判定する場合は慎重さが必要である。

2つのライフルはともに近距離〜中距離の戦闘用に設計された。設計思想、使用される素材、生産技術、戦術的な運用方法が大きく異なることから単純な比較は難しい。使用される弾薬もまったく異なり、性能的な差も大きい。

初期に行なわれた比較研究では、M16ライフルに好意的なものが多かった。米軍が関係する出版物でとくにその傾向が強かったが、それぞれのライフルの特定要素を誇張したり、軽視したりして、必ずしもバランスのとれたものではなかった。

1963年1月、最初の公式比較研究報告が発表された。検証した米陸軍スプリングフィールド工廠のAKライフルに対する評価は否定的だった。AKライフルは造りが粗雑なうえ、軍上層部が接近戦向けに中間弾薬を用いるアサルト・ライフルという斬新な兵器を十分に理解していなかったからだ。

当時、米陸軍は第2次世界大戦の用兵思想を継承し、遠距離射撃性能に重きを置いて設計されたM14ライフルを採用した時期だった。これはNATO加盟国の多くが新たにFN FALライフルを配備した時期とも重なる。

（監訳者注：アメリカの決定によってNATO制式弾薬はフルロード弾薬に近い大型の7.62mm×51となった。もともとFN FALライフルやNATOで広く使用されたH&K G3ライフルはともに小型短小弾薬を使用するものとして設計されたが、アメリカの決定により大型弾薬を使用できるよう改造され

た。その結果、本来ならこれらライフルが持っていたであろう「アサルト・ライフル」としての性能を失うことになった）

M14ライフルとFALライフルはよく似た戦術的機能を持ち、AK-47やAKMとは大きく異なる。M14ライフルとFALライフルは第2次世界大戦の戦訓から得られた頑丈な構造、長射程での精密射撃を重視したライフルで、20発マガジンを装備し、セミオート射撃に比重がおかれた。

一方、接近戦を重視したAKライフルは、フルオート射撃とセミオート射撃が切り替えられ、30発マガジンを装備した文字どおりのアサルト・ライフル（突撃銃）で、フルオート射撃に対応した堅牢な設計がとられていた。

1962年にM16ライフルが完成し、3年後に大量配備されると、アメリカと社会主義諸国のライフルとの違いはさらに鮮明になった。

M16ライフルの優位性を主張する米軍部の発言は折に触れて辛らつになったが、一部の将官や武器専門家は別として、ＡＫライフルを扱ったことのある兵士の多くはさまざまな点でＡＫライフルがM16ライフルより優れていることを認めていた。

初期のAK-47ライフルは、兵士の手荒な扱いにも耐えられる頑丈な造りで、劣悪な条件や環境下でも高い信頼性を保った。あらゆる兵器の例に漏れず、AK-47ライフルも完璧ではなかったし、欠点もあったが、多くの問題点は軽微なものだった。

改良が継続され、タイプⅠからⅢまでの改良型AK-47ライフルとAKMライフルが製造された。改修箇所の多くは生産性の促

進とコスト削減を目指したもので、ほかに性能と使いやすさの向上につながる変更が加えられた。

AKライフルの堅牢さには定評があり、この点でM16ライフルは足下にも及ばない。AKライフルの最も革新的な特徴のひとつが、銃身内部、薬室、ガスピストン、ガスシリンダーをクロムメッキしたことだ。

（監訳者注：著者は銃身内をクロムメッキすることを革新的な特徴と高く評価しているが、この技術は日本が先行して軍用ライフルで実用化していた。第2次世界大戦で使用された99式小銃は手動連発式ながら銃身内をクロムメッキしてあった。戦局が進み日本が劣勢となると省力化のために廃止されたものの、世界に先立つ実用化だった）

初期のM16ライフルはクロムメッキされていなかったため、発射薬と燃えかすが薬室とボルト・キャリアーにこびりつき掃除に手間がかかった。浸食が進むと、弾薬の薬室内張り付きを誘発し、耐用年数の低下にもつながった。

クロムをのぞくと、AKライフルの製造には戦略上重要な資源は使われていない。一方、M16ライフルは航空機用アルミニウム、スチール、ファイバーグラスを混合した樹脂、プラスチックが使われている。その外見から「マテル社製トイ・ライフル」と呼ばれた。AKライフルの生産ラインは、M16ライフルの生産ほど熟練工を必要とせず、リベットやピンによって組み立てられている。

ロシア製7.62mmAKMアサルト・ライフル（Jimbo）

米国製5.56mm M16A1ライフル（Jimbo）

5.56mm弾薬よりはるかに大きな破壊力

　使用される弾薬も両者の違いを際立たせる要因だ。1964年8月に公表された米陸軍の報告書は「5.56mm口径武器システムで用いられるレミントン.223口径弾薬は、軽量という長所を別にすれば、あらゆる面で7.62mm×51NATO普通弾に劣っている」と結論している。

　ベトナム戦争で痛感されたように、M16ライフルの5.56mm弾丸は土嚢や壁などの防御物や、生い茂った植物などに当たると簡単に跳弾になる。AKライフルで使用される7.62mm×39弾薬は、5.56mm弾薬よりはるかに大きな破壊力と貫通性能を備えている。

　ソビエト軍は第2次世界大戦で、製造が容易な低品位の発射薬を使わざるを得なかった経験から、AKライフル用弾薬の発射薬として、M16ライフルのボールパウダー（訳注：顆粒状火薬）より燃焼速度が速く、燃えかすが少ないスティックパウダー（訳注：棒状火薬）を選択した。

　第2次世界大戦後、ソビエトの弾薬の品質も改善されたが、将来また同じ事態に陥る場合に備えて、AKライフルは低品位の発射薬でも作動するよう設計されている。

　これとは対照的に、1964年に米陸軍武器科が火薬の規格変更を行なった結果、初期のM16ライフル用弾薬は燃焼速度が遅く燃えかすが出やすい顆粒状火薬を使っていた。このため、発射速度が許容上限を超える毎分850〜1000発に押し上げられるなど、M16ライフルはきわめて深刻な問題に直面した。

　1960年代半ば、スティックパウダーを装填した弾薬が軍でも使用され始めたが、戦地の将兵にはあいかわらずボールパウダ

ー火薬を装填した弾薬が支給された。

さらに兵士がM16ライフルの有効なクリーニング手順を教わっていなかったこと、掃除用キットと潤滑油が支給されなかったこと、「M16には自浄機能がある」との風説がM16ライフルの作動不良を増加させた。

M14ライフルを装備してベトナムに派遣され、現地でM16ライフルに換装された部隊の多くも、「ライフルに変わりはない」として、M16ライフルに特有のクリーニング方法を教育されなかった。

M16ライフルのガス作動方式が一因となり、発射薬の燃えかすの汚れが付着しやすい。M16ライフルにはガスピストンが組み込まれておらず、ボルト・キャリアー内のガスチャンバーに導かれた発射ガスが直接ボルトを押し返す構造になっている。

このシステムは射撃精度を向上させ、リコイルを軽減する反面、レシーバーに付着する汚れで作動部分が固着したり、レシーバーに伝わった熱で潤滑油が蒸発したりする。そのため、従来のライフルより頻繁なクリーニングと潤滑油塗布が不可欠となる。

AKライフルのガスチューブには燃えかすや余分なガスを逃がす複数の小孔が開けてあり、機関部内のメカニズムを汚さないようになっている。

M16ライフルの長所は弾薬とマガジンが軽量なことで、兵士の携行弾薬の増加と部隊の火力増強も容易だった。M14ライフルの基本携帯弾薬量が20発マガジン5個だったのに対し、M16ライフルは20発マガジン9個だった。ベトナムでは通常、兵士はこの2倍以上の弾薬を携行した。

ベトナム戦で実証されたAKライフルの性能

1967年初頭、M16ライフルに大幅な設計変更が加えられ、M16A1ライフルとなった。改良点は以下のとおり。再設計のボルト、ボルト・フォワード・アシスト（弾薬を強制的に薬室に押し込み閉鎖する）の追加装備、薬室のクロムメッキ、ライフリング転度1-7から1-9（銃身内の汚れを軽減するため、7インチで1回転から9インチで1回転）に変更、連射速度を落とす新設計のバッファー、枝に引っかからない形状の消炎器、マガジン取り出しボタン誤操作を防ぐ周囲のガード・フェンスの追加、銃床内のクリーニング・キット収容スペースの新設など。さらに薬室だけでなく銃身内すべてのクロムメッキと小さな改良が後日追加された。適合するクリーニング・キット、潤滑油、そしてきめ細かい手入れのおかげで「ブラック・ライフル」の信頼性は大きく向上した。

M16ライフルの軽量マガジンは、弾薬容量が少なく壊れやすいとのクレームが絶えなかった。30発マガジンは、ベトナム戦争後になって採用された。

ほかにも、ボルト・キャリアーと排莢孔カバーが錆びやすいこと、長時間射撃するとハンドガードが過熱して持てなくなるうえ、容易に破損することなどが指摘された。

軽量のM16ライフルは銃剣突撃には強度不足で、銃口に差し込み式のロケット型ライフル榴弾を発射すると圧力に耐え切れず破損する恐れがあった。のちにロケット型ライフル榴弾の使用は中止された。

マガジンのロックが脆弱なので、重量が大きくなる複数のマガジンをテープで束ねる方法は避けたほうが無難だった。

渡河訓練中の北ベトナム軍兵士。浮きの上に56式ライフル（中国製AKMライフル）を置いている。(Tom Laemlein)

　M16ライフルでフルオート射撃すると、集弾率が劣悪なうえに銃自体も急激に過熱した。兵士は連射を3〜4発にとどめて射撃する訓練を受けていなかったので、マガジンを交換しては次から次へとフルオート射撃した。

　この弾薬を浪費するだけの射撃は「プレイ・アンド・スプレイ」（訳注：命中を神に祈って撃ちまくれ）と呼ばれた。これに対し、筆者が遭遇した北ベトナム軍兵士はコントロールされた短連射を多用した。筆者の中隊ではセミオート射撃に限定する指示を出していたが、無視されることも多かった。

　M16ライフルの長所として微調整可能なサイトがある。左右

AK-47vs M16　169

調整できるリア・サイト（照門）と上下調整できるフロント・サイト（照星）で照準矯正すれば、反動が軽微なM16ライフルは、AK-47ライフルより高い命中率を得られる。しかし、ベトナム戦争での交戦距離はだいたい100メートルかそれ以下で、200〜300メートルを超えることはまずなかった。したがって、長距離の命中精度はあまり実用価値がなかった。

V字型の切り込みを入れたアイアンサイトに特有の「視界のぼやけ」を防ぐため、AKライフルのリア・サイトはかなり前方にある。この設定のためフロント・サイトとリア・サイト間の距離が短くなり、照準精度の低下を招いた。

M16ライフルのプラスチック製ハンドガードやストックは頻繁に破損した。56式ライフルやAKライフルのストックは単材木製か合板木製で、ひびが入ることはあっても湿気で膨張することはほとんどなかった。しかも、環境や戦闘で破損したストックは部隊の兵器係によっていつでも取り替えられた。

AKライフルは特別な潤滑油とクリーニング・キットを必要とせず、実際、北ベトナム軍とベトコンは機械油やエンジンオイルで代用していた。練度の低い民兵や少年兵が銃の手入れをすることはまずなく、せいぜいレシーバーにオイルを注いだりホコリを拭ったりする程度だ。

このような状況が長く続いても、AKライフルの作動には問題がない。内部公差をたっぷりとった設計のおかげで、火薬の燃えかすどころか土や泥、砂が詰まっても回転不良を起こさない。凍結したAKライフルに放尿して温め、そのまま発射できたという噂話さえある。

56式ライフル、AK-47ライフル、AKMライフルは、過酷な環

PMAK（AKM）ライフルを使用し演習に参加するポーランド兵。空砲を発射すると不可視レーザーが照射されるシミュレーション訓練用のレーザー発射器をライフル先端に取り付けている。ヘルメットに巻かれているのはレーザーのレセプターで、同じものがハーネスにも付いている。敵弾が「命中」するとブザーが鳴り、左肩のライトが点滅する。3本のマガジンをテープでつなげていることに注目。左手には携帯型無線機が見える。（RaymondA.）

境と手荒な取り扱いに耐えられる堅牢さを備えた、きわめて効果的な武器であることがベトナム戦争で実証された。

M16ライフルをしのぐAKライフルの実力

AKライフルとM16ライフルの優劣論争に終わりはないが、堅牢さ、手入れの簡便さだけでなく、信頼性、密林や防御物に対する貫通性能でAKライフルがまさっているのが事実だ。

しかし、両銃の物理的特性を比べるだけでなく、設計思想や運用といった要素も考慮されるべきだろう。2つのライフルが備えた特定の長所と短所にかかわらず、AKライフルのほうが適している状況もあれば、M16ライフルが選択される環境もある。

どちらか一方が「あらゆる目的にかなう武器」とは言えない。さらに、M16ライフルやAKライフルには性能に幅のある多くの派生型が存在する。

公正を期すため、以下に6種類のライフルを選び、2つのグループに分けて比較した。はじめに中国が製造し北ベトナム正規軍が使用した中国製56式ライフル（AKMライフル）とアメリカ軍と西側諸国軍が使用したM16A1ライフルの比較。このグループにベトナム戦争初期に使われたM14ライフルも加えた。

次はロシア軍のAK-74Mライフルと米陸軍のM4カービンを比較した。米海兵隊が使用するM16A4ライフルも同グループに含めた。M4カービンは、米陸軍が装備するM16A2ライフルの短縮型だ。

AK-74ライフルは小口径弾薬を使用する近代化されたAKMライフルと言われている。新型のAK-74ライフルはこれまでよりすぐれた素材が用いられ、生産工程も改善された。性能面での

AKMライフル、M16A1ライフル、M14ライフルの諸元

	AKM	M16A1	M14
口　径	7.62mm×39	5.56mm×45	7.62mm×51
全　長	872mm	762mm	1181mm
銃身長	414mm	508mm	559mm
重量（マガジンなし）	3.87kg	2.88kg	5.2kg
マガジン	30連湾曲箱型	20連垂直箱型	20連垂直箱型
連射速度	600発/分	700〜800発/分	700〜750発[※]/分
射撃モード	全・半自動	半・全自動	半自動
銃口初速	710m/秒	990m/秒	850m/秒
有効射程	400m	460m	460m
銃　剣	折りたたみ式スパイク	M7両刃	M6両刃
榴弾発射器	なし	使用禁止	M76差し込み式

（※M14は分隊支援火器として使用される場合は全自動射撃が可能だ
が、一般歩兵に支給されるものは半自動射撃のみに限定されていた）

向上も数多く見られる。5.45mm弾は7.62mmAKライフル弾薬の
長所だった防御物に対する貫通性能で劣るが、無防備な人間に
対してより殺傷力が高く、命中精度もよくなった。

　AK-74MライフルはAKMライフルよりわずかに軽いが、効果
的な消炎器兼コンペンセイターが追加された分だけ長くなっ
た。これに対して、M16A4ライフルは堅牢さを増すためスチー
ルが多用され、より肉厚の銃身が採用されるなどの改善が加え
られた。その結果、重量が増え、全長もAK-74より5センチ長

AK-74Mライフル、M4カービン、M14A4ライフルの諸元

	AK-74M	M4カービン	M16A4
口　径	5.45mm×39	5.56mm×45	5.56mm×45
全　長	943mm	838mm	1006mm
銃床折りたたみ時	705mm	757mm	
銃身長	475mm	368mm	508mm
重量（マガジンなし）	3.63kg	2.70kg	4.11kg
マガジン	30連湾曲箱型	20連湾曲箱型	30連湾曲箱型
連射速度	650発/分	700～900発/分	700～950発/分
射撃モード	全・半自動	半・3発分射	半自動・全自動
銃口初速	900m/秒	905m/秒	853m/秒
有効射程	500m	400m	550m
銃剣	6H5片刃	M9片刃	多用途片刃
榴弾発射器	3挺とも40mm榴弾発射器を銃身下に装着可能		

（※ 現在、米陸軍「歩兵」はM4カービンを装備している。米海兵隊
　　 ではM16A4ライフルを、陸軍の歩兵科以外はM16A4ライフルに類
　　 似したM16A2ライフルも使用している。M16A3ライフルは米海軍
　　 特殊戦部隊〔シールズ〕が使用している）

い。それでもM16ライフルの脆弱さは完全に克服されていな
い。

　AKライフルの連射速度はかなり遅いが現実的だ。むしろM
4やM16の発射速度が速すぎる。M4カービンはライフルより
軽量小型で、歩兵には使い勝手がよいが、銃身がAKよりさら

に短く切りつめられたため、射程、貫通性能、命中精度のいずれも大きく低下した。これらの問題に対して、改善後も多くのクレームが寄せられている。信頼性への苦情こそ近年少なくなったが、現在でも粉塵や水に弱い点は変わっていない。

　AKライフルを使ったことのある者の多くは、頑丈さと信頼性で、AKライフルがM16ライフルにまさっていると感じている。

　新型のAKライフルは暗視装置などの光学照準器を装着できるレールを装備している。同様に最近のM4カービン／M16ライフルには、暗視装置、レーザー照準器、スコープ、ドットサイト、戦術用フラッシュライト、縦型グリップなどを装着するためのピカティニーレールが付いている。これによって射撃精度と実用性がかなり向上した。

　さらにM16ライフル・シリーズはキャリング・ハンドルを装備し、上部に照準器などを取り付けることができた。AKライフルは、派生型である分隊支援機関銃の一部を除いて、キャリング・ハンドルを装備していない。

　M4カービン/M4A1カービンとM16A3ライフル／M16A4ライフルは着脱式のキャリング・ハンドルに変更され、より多様な照準器を装着できるようになった。

　兵器の有効性は、それを使う兵士の練度に左右される。AKライフルとM16ライフルで武装した同兵力の分隊が交戦した場合、最終的に勝敗を分けるのは武器の性能ではない。よりすぐれた指揮官に率いられ、柔軟性と戦闘訓練の練度でまさり、地形を正確に読み、巧みに利用する術に長けたほうが勝利する。

第9章
人民のアサルト・ライフル

1987年ニカラグアでパトロール任務を行なう反共民兵組織「コントラ」。先頭の兵はバイポッドを外した7.62mm口径RPK分隊支援機関銃を携行している。ニカラグア内戦では敵対する双方がAKライフルで武装した。南米の武力衝突では珍しいことではない。(Bill Gentile)

「カラシニコフ・カルチャー」

　政治・軍事のみならず、AK-47ライフルが世界の文化や社会に及ぼした影響は計り知れない。1960年代初頭から「人民のアサルト・ライフル」は、あらゆる戦争、紛争、暴動、クーデターで猛威をふるった。将来においても同様だろう。

　犯罪者に悪用されることも少なからずあり、アメリカをはじめ、各国で巻き起こった銃規制論争の原因にもなった。AK-47ライフルは反逆者やテロリスト、自由の戦士、ゲリラ、そしてギャングの永続的なシンボルでもあり、数百万人ではないにしろ、何十万もの人々がAKライフルで殺害された。

　イランやアフガニスタンなど紛争地域における簡易爆弾（IED）や自爆テロによる死傷者は扇情的に報道されるが、実際にはカラシニコフによって殺傷された将兵や民間人のほうがはるかに多い。簡易爆弾による車列などへの待ち伏せ攻撃は、その後にAKライフルとRPG対戦車ロケット・ランチャーによる一斉射撃が続き、下車して防護態勢をとり、負傷者を収容し、反撃する将兵に銃弾が浴びせられるからだ。

　ミハエル・カラシニコフ自身、自らの発明を擁護する必要に迫られ、しばしば「祖国からファシスト侵略者を駆逐し、また将来の侵略を防ぐためにAK-47ライフルを設計した」と主張した。

　「祖国防衛のためにAK-47ライフルを生み出したのであり、後悔はない。政治家がAKライフルをいかに使ったかに関し、私に何ら責任はない」とも語った。

　カラシニコフは、圧政支援や軍事的利得のために、数百万挺単位でAK-47ライフルがソビエト連邦以外の国々に供与・売却

アフリカのおしゃれな軍人ファッションにはサングラスのレイバンとAKライフルが似合う。AKライフルなしでは本物の兵士に見えない。リベリアのチャールズ・テイラー大統領のボディガードも例外ではない。(Mike Goldwater)

されるとは夢にも思わなかった。

「発明が引き起こした破壊に関し、発明者は無関係だ。武器自体が人を殺傷することはない。それは使う人々の判断であり、責任だ。繰り返すが、私は人々が殺し合うためにAK-47ライフルを作ったのではない」

しかし、沈痛な口調でこう述べることもあった。

「私は人々や農民が日々使う道具を発明したかった。たとえば芝刈り機のような……」

兵器としての価値は別にしても、AKライフルが文化に与え

鹵獲されたAK-47のストックとマガジン、ピストル・グリップには青色の飾りテープが巻いてある。この手の装飾は世界各地で見られる。(Tom Laemlein)

た影響も大きい。戦争で荒廃した社会や国々では「カラシニコフ・カルチャー」が発生した。アフリカの国々では、カラシニコフのニックネーム「カラッシ」が男の子の名前として頻繁に使われる。

メキシコの麻薬ギャングの間で、AKライフルは「クエルノ・デ・チボ（山羊の角）」と呼ばれる。湾曲したマガジンの形からの命名だ。アフリカでは地域によって、AKライフルを鮮やかな部族色やシンボルで装飾する風習がある。真鍮の鋲、色とりどりのリボンやお守りを付けたり、スローガンや座右の銘をストックに手彫りすることもある。ウジ・サブマシンガンやM16ライフル、トミーガンと並んで、AK-47ライフルは世界で最も知られた小銃のひとつになった。

ニコラス・ケイジが架空の武器商人ユーリー・オルロフを演じた映画『ロード・オブ・ウォー』（2005年）がAKライフルを雄弁に描いている。

「AKは世界で一番人気のアサルト・ライフルだ。この銃を愛さない戦士はいない。4キログラムの鍛えられた鋼と合板の融合体は優雅なまでに単純で、破損、作動不良、過熱を起こさない。泥や砂にまみれようが撃ち続けられる。子供でも取り扱えるほど簡易で、実際に少年兵らが使っている。ソビエトでは硬貨のデザインに現れ、モザンビークでは国旗に描かれている。冷戦後、カラシニコフはロシア第一の輸出品となった。ウオッカ、キャビア、そして自殺したロシア人作家の人気をしのいだ。そして何より確かなことは、ロシア製の自動車を買い求める行列などないということだ」

犯罪サスペンス映画『ジャッキー・ブラウン』（1977年）

で、サミュエル・L・ジャクソン演じる武器商人オデール・ロビーの名セリフは、「何が何でも確実に部屋の全員をぶっ殺さなければならないとき、AK-47ライフルにまさる銃は存在しない」である。

「世界を変えた製品」に選ばれる

1975年以降、モザンビークの国旗、硬貨、紙幣には、国防と警戒の象徴としてAK-47ライフルがあしらわれている。その後、新国旗と紋章を決めるコンテストが1999年と2005年に開かれ、国土に平和が戻ったことを示そうとカラシニコフを削除したデザインが数多く出された。しかし、それらのデザインは2度ともすべて選外となり、国を二分する論争にまだ決着がついていない。

サダム・フセインが米兵に拘束されたとき、隠れていた穴倉に2挺のAKライフルが隠されていた。米軍に射殺されたフセインの息子ウダイは金メッキしたAKライフルを数挺所持していた。サダムが湾岸戦争の勝利を一方的に宣言し、2001年に建立した「史上最大の戦争モスク」にはAK-47ライフルの銃身を模した4本のミナレット（尖塔）がある。

このほかにも、イラクにはAKライフルをたたえる小ぶりの像がいくつか見られる。これ見よがしにAKライフルを振りかざすサダム・フセインやオサマ・ビン・ラディンの写真を目にすることもある。テロリストや革命家が惨殺行為をはじめめかすビデオ声明で、決意のほどを示そうとAKライフルを誇示するのはよくあることだ。

AK-47ライフルが西側社会に与えた文化的インパクトも、認

人民のアサルト・ライフル　183

サンディニスタ革命を記念する「真の革命英雄の像」（ニカラグアの首都マナグア）。地元では「ハルク」の名で知られ、AK-47ライフルを天にかざしている。(Jason Bleibtreu)

識されているより大きい。2004年、カラシニコフの高い知名度に目をつけたイギリスの会社は本人の承諾を得て、カラシニコフ・ブランドのウオッカを発売した。

　カラシニコフ・ウオッカ株式会社の名誉会長はほかでもないカラシニコフ自身だった。なおカラシニコフが自らの発明から利益を得たのは、これが初めてだった。当初、軍服姿のカラシニコフをラベル印刷した1リットル瓶だったが、2007年には、AK-47ライフルをかたどった1リットル瓶がオリーブドラブ色の木箱入りで発売された。

2004年、不景気にあえぐイジェブスク市を活性化する取り組みとして、カラシニコフ兵器博物館・展示センター、別名ミハエル・カラシニコフ博物館がオープンした。カラシニコフがAK-47ライフルを設計したイジェブスク市はまた、元全米プロバスケットボール協会の選手で、ユタ・ジャズでプレーしたアンドレイ・キリレンコの出生地でもある。この巡り合わせによって、キリレンコのニックネームは「AK-47」、背番号は47だった。

ニカラグア初の女性大統領に選出されたビオレタ・チャモロは、サンディニスタ民族解放戦線に勝利したあと、2つに切断され額に入れられたAK-47ライフルをジョージ・W・ブッシュ大統領に寄贈した。同国を非武装化するという、親米民主政権の決意を示すためだった。

また、同国首都マナグアのダウンタウンには「真の革命英雄の像」がある。漫画の主人公を連想させることから、地元では「ハルク」で通っている。筋肉隆々たる革命のヒーローは片手につるはしを持ち、もう一方の手でAK-47ライフルを握り高々と振り上げている。

中国の浙江省にある寧波大成新材料有限会社は、防弾チョッキや防護被覆の特殊生地などを製造しているが、その中に「AK-47」と呼ばれる系列商品がある。実物そっくりだが弾丸を発射できないAK-47の模造銃、戦術シミュレーションやサバイバルゲームで使われるペイントボール用ガン、エアソフトガンと並び、ミニチュアや実物大のAK-47トイガンが生産されている（これらのトイガンは、殺傷力のない玩具であることを示すため、アメリカでは銃口を赤くすることが義務づけられてい

人民のアサルト・ライフル　185

る）。

2004年、雑誌『プレイボーイ』創刊50周年記念号は「世界を変えた50の製品」と銘打った記事で、第4位にAK-47アサルト・ライフルを挙げた。ちなみに第1位はアップル社のマッキントッシュ・デスクトップパソコン、第2位が経口避妊薬、第3位はソニーのベータマックス・ビデオ・プレイヤーだった。

AKライフルの輸入は止まらない

AKライフルは、アメリカ市民の銃所持の権利にも大きな影響を及ぼした。銃規制をめぐって続く論争は、外国製アサルト・ライフル（訳注：厳密にはアサルト・ライフルの外観を持ったセミオート射撃ライフル）、ことに悪名高いAKライフルの輸入禁止措置によって火に油を注ぐ結果となった。

1982年、エジプトのマディ社が製造したAK派生型ライフルのセミオート・ライフルMisr（ARM）が初めてアメリカに輸入された。マディ社の工場はロシア人技術者の支援を得て建てられ、エジプト人技術者の一部はソビエトで訓練を受けた。続いて中国製56式ライフルをセミオート射撃に制限したAKSライフルの輸入が始まった。エジプト製AKMライフルが1000ドルだったのに対し、中国製56式ライフルは300ドル以下で購入できた。

ハンガリーとユーゴスラビア製のAKライフル・セミオート射撃モデルが市場に参入したのはそれから間もなくだった。AKライフルのセミオート射撃モデルや派生型を買い求めたのは、大半が順法精神を持つ一般市民や銃器収集家、軍用ライフルを使う競技射手などだった。

銃以外の武器と同様、残念ながらこれらのAKライフルの一

部は犯罪者や精神的に不安定な人たちの手に渡った。その結果、多くの殺人、強盗事件などでAKライフルをはじめとするセミオート・ライフルが使われた。

　AKライフルなど、正真正銘のアサルト・ライフルで武装した犯罪者との遭遇は稀だが、警察側が火力で劣勢になることはままあった。警察官がM4カービンやM16ライフルなどで武装するようになっても、この構図は変わらなかった。

　アサルト・ライフルの外観を持つセミオート射撃ライフルの輸入状況を調べた結果、アメリカ政府は1989年「スポーツ用ライフル」の条件に合致しないものを禁輸対象とした。皮肉にもこの措置は、国内在庫の需要を高め、AKライフルの「禁輸前」モデルや部品の価格を上昇させる結果になった。

　海外の輸出業者は「スポーツ用ライフル」の規定に適合するよう、外観のみを変更した。しかし、性能的には禁輸前の「軍用モデル」AKライフルといっさい変らなかった。

　下部レシーバーをはじめとするAKライフルの部品が米国内でも製造され、これを輸入部品と組み合わせて販売するビジネスも始まった。規制と禁止条項が追加されたものの、時限立法だった輸入禁止措置は実効性なしとして2004年に失効した。

AKライフルはニワトリ1羽の値段？

　地域紛争が終息すると、反乱軍やゲリラ、民兵組織を武装解除することになるが、これは相当な警察・軍事力をもってしても容易ではない。アメリカ国内の銃器を取り締まるより、はるかに困難な作業である。武器の放棄を拒む理由に、戦闘再開と報復への恐れ、新政権や恩赦提案への不信感、銃は狩猟や正当

人民のアサルト・ライフル　187

1979年、ハーリド国王国家警備隊と南アラブ部族の兵士らが演習を行なった際の様子（サウジアラビア）。金メッキをほどこしたAKライフルを誇示している。（PatrickChauvel）

防衛目的にも使えることなどがある。内戦あるいは革命が再燃した場合に隠し場所から持ち出せるようにしたいという心情もある。

南米諸国で銃器回収の取り組みとして「買い戻し」が行なわれたが、AKライフルをはじめとする武器類はいまも都市ギャングやその他の犯罪集団の手中にあり、高い犯罪発生率の一因になっている。

AKライフル1挺につき125米ドルを支払う「買い戻し」の結果、イラクで数千挺が回収された。しかし、大量の旧式武器や破損したガラクタ銃を届け出て利益を得る者がいる一方で、使用可能なライフルは隠されていることが多く、部族抗争や派閥間暴力の軽減になんの効果もなかった。

2003年のイラク戦争以前、政府支配層のスンニ派は、150米ドルの許可料で無制限に小火器を所持することができた。国民の半数以上を占めるシーア派にはない特権だった。サダム・フセイン失墜後、警察の許可を得たイラク市民は1家族につきAKライフル1挺とマガジン1本を自衛目的で所持できるようになった。

AKライフルはニワトリ1羽の値段から1000ドル以上で売買されてきた。弾薬は1発数セントから1ドル強の範囲だが、最低価格に近いのが普通だ。

開発途上国の一般市場や闇市では、AKライフルはだいたい1挺100～400ドルで取り引きされる。青空市場では、洗面用具や海賊版DVDなどと並んで弾薬、マガジン、AKライフルが日常的に売られている。

AKライフルは世界中のどこでも容易に入手できるので、反

乱軍兵士やギャング、民兵らは予備パーツには目もくれない。余ったAKライフルを解体してパーツを取り外せば済むからだ。

AKライフルの弾薬もさまざまな国で生産されている。世界中に膨大な量の備蓄があるので、価格も安い。

7.62mm×39弾薬を軍用および民間用に生産している主な国々は次のとおり。アルメニア、ボスニア、ブラジル、中国、ブルガリア、チェコ共和国、スロバキア、エジプト、フィンランド、ハンガリー、インド、インドネシア、イラン、イスラエル、北朝鮮、パキスタン、ポーランド、ルーマニア、ロシア、セルビア、韓国、ベネズエラおよびアメリカ（東ドイツとイラクも以前は生産していた）。

後継銃ＡＮ-94ライフルは生産中止

今後もAKライフルは変わらず使われ続けると思われるが、ロシアでは後継銃がすでに採用されている。5.45mm×39口径のAN-94（ニコノフ自動小銃1994年型）で、1997年に選抜部隊への限定支給が始まったが、財政的および技術上の問題から広範な配備には至っていない。

「アバカン」の別名を持つAN-94ライフルはガス圧利用方式のライフルで、「ブローバック・シフテッド・パルス」と呼ばれるユニークな作動方式が組み込まれている。

この作動方式により、最初の２発が公称1800発／分という高い連射速度で射撃できる。反動で狙いがずれる前に２発とも銃口を離れるので、小さな集弾を形成できる。２点分射に続くフルオート射撃の連射速度は600発／分に落ちる。切り替えてセミオート射撃も可能だ。

人民のアサルト・ライフル　191

AK-74ライフルの後継機種と目されていた5.45mm×39口径AN-94（ニコノフ自動小銃1994年型）は選抜部隊への限定配備で終わり、今後の生産はないだろう。写真のAN-94ライフルにはAK-74ライフルと共用の40mm口径GP-30榴弾発射器を装着できる。

　AN-94ライフル（アバカン）は高価なうえ構造が複雑で、生産性はよくない。重量はAK-74より0.45キログラム重くなっている。現在生産は中止されているようで、ロシア軍の大半は今もAK-74と派生型を使用している。AN-94ライフルの生産が再開される見通しは立っていない。

　（監訳者注：AN-94ライフルは、主任開発者のニコノフが事故死したため、試験配備後の改良作業などが難しいとされ、今後も生産再開されることはないと見られている）

「カウンター・リコイルAK」の開発

　近年、AK-47ライフルほど武器の世界に多大な影響を与えた

ライフルはほかに例を見ない。戦後の「アサルト・ライフル」というカテゴリーを一般化させただけでなく、同一の基本設計に基づき、ライフル、サブマシンガン、分隊支援機関銃、汎用機関銃、狙撃銃など一連の小火器に転用可能なことを示した武器のひとつでもあった。

これは、優れた基本設計であれば、以後の改良設計や開発にかかる時間を短縮でき、使用者である将兵の訓練も簡略化できることを意味する。また部品の互換性も生まれる。

AKライフルは単純さと信頼性を兼ね備えた設計を初めて打ち立てた。最大の成功要因が、その伝説的な頑丈さにあることは間違いない。これは今後開発されるすべての武器に共通のゴールでもある。

多くの新型ライフルが、コムラッド・カラシニコフ（カラシニコフ同志）の偉大な発明品に酷似しているのは偶然ではない。

AKの後継を狙うアサルト・ライフルは複数あるが、技術的にAKライフルがまだ改良の上限に達していないため後継銃となるのは難しい。AKライフルにはまだ小さな改良や新機能、新たな製造技術、軽量かつ強靭な複合材料などを組み込む余地が残されている。改良を加えれば生産コストにはね返るが、最新のデザインを採り入れることで市場競争力は維持できる。

AKライフルを大量に装備する中国は、5.8mm×42口径のQBZ-9Sアサルト・ライフル（軽ライフル・シリーズ）への転換を図っている。このライフルは、引き金と撃発装置の後方にマガジンが設けられ、銃身長を変更せずに全長を短縮できるブルパップ形式を採用している。しかし人間工学的な欠陥が浮上し、射

程や命中精度が期待はずれだった。人民解放軍は信頼性と耐久性の観点からAK派生型ライフルを今後も使い続けるだろう。

　抜本的な性能の向上にはゼロからの新設計が必要だとする見解から、AKライフルの新たな改良は不可能だと言われてきた。しかし「カウンター・リコイルAK」の開発が伝えられている。これは、発射リコイルを打ち消すことで射撃精度を向上させ、フルオート射撃のコントロールも容易にするシステムだ。

　古いAKライフルが消耗されるにつれて、ロシアでは2000年型以降のモデルが続々と生産されている。AK生産プラントを持つ国はもちろん、まだプラントを持たない国にも、これらの新型AKライフルは拡散していくだろう。

　NATO加盟国が5.56mm弾薬（戦闘用口径としては必ずしも最適ではないが）を使い続ける場合、強力なAK7.62mm弾や5.45mm弾と並行して、5.56mm口径のAKライフルがこれまでより大量に生産されると予想される。

　カラシニコフは今後も長い間、ことによると数世代にわたり、正規軍の兵士や民兵、ゲリラ、テロリスト、理想主義者、狂信者、犯罪者によって使い続けられるだろう。

参考文献

Bennett, Nigel. AK47 *Assault Rifle: The Real Weapon of Mass Destruction*. Stroud, UK: History Press, 2010.

Chivers, C.J. The Gun: *The AK-47 and the Evolution of War*. New York: Simon & Schuster, 2010.

Gebhardt, James F. *The Official AKM Manual: Operating Instructions for the 7.62mm Modernized Kalashnikov Rifle (AKM and AKMS)*. Boulder, CO: Paladin Press, 1999 (translation of Soviet manual).

Hodges, Michael. *AK-47: The Story of a Gun*. San Francisco: MacAdam/Cage, 2007.

Iannamico, Frank. *AK-47: The Grim Reaper*. Henderson, NV: Chipotle Publishing, 2008.

Kahaner, Larry. *AK-47: The Weapons That Changed the Face of War*. Hoboken, NJ: John Wiley & Sons, 2007.

Kalashnikov, Mikhail. *The Gun that Changed the World*. Cambridge: Polity, 2006.

Pover, Joe. *The AK-47 and AK-74 Kalashnikov Rifles and Their Variations*. Tustin, CA: North Cape Publications, 2006.

床井雅美著『AK-47＆カラシニコフ・バリエーション』大日本絵画（1991年）

監訳者のことば

『M16ライフル』に続き、本書『AK-47ライフル』（原題：THE AK-47 Kalashnikov-series assault rifles）の監訳を依頼された。私は、この『AK-47ライフル』の著者が、『M16ライフル』と同一なことに大きな興味を抱いた。ずいぶん前のことになるが、私自身もM16ライフルとAK-47ライフルの著書を出版したことがあり、それらの中で私なりに2つのライフルを評価した。

今回、『AK-47ライフル』の監訳を引き受けた最大の理由は、著者が実際にベトナム戦争に従軍し、AKライフルで射撃される側にいた点にある。ベトナム戦争の前線にいたアメリカ側の兵士がM16ライフルを酷評し、AK-47ライフルを高く評価していたことは、ベトナム戦争の最中からしばしば伝えられていた。しかし、その話が単なる噂なのか、真実なのかは、部外者にはなかなか判断が難しかった。

著者のゴードン・ロットマン氏は、ベトナム戦争にアメリカ陸軍特殊部隊「グリーンベレー」の兵器担当要員として従軍した小火器の専門家である。ここには、アメリカ軍側から見たAK47ライフルの評価が記されているに違いないと思いながら興味をもって読んだ。

想像どおり、本書には、アメリカ側から見たAK-47ライフルの評価が明確に書かれてあり、その評価は、私が想像した以上に高いことに驚いた。何よりM16ライフルを整備していた当事

者が、M16ライフルはAK-47ライフルにまさる点がほとんどなかったと正直に書いていることは強く印象に残った。

　私の持論として、軍用ライフルが備えるべき最重要な性能は、「耐久性」と「頑丈さ」である。どんな過酷な状況でも射撃を続けられるライフルこそ、最良な軍用ライフルと考える。その上に優れた「命中精度」が備わっていれば言うことはない。

　特殊部隊の兵器係である前に前線の兵士だった著者もまったく同じ意見で、たとえ手入れが悪く錆だらけになっていても射撃でき、ハンマー代わりにテントの杭を地面に打ち込んでも壊れない頑丈なAK-47は優れた軍用ライフルと評価している。一方のM16ライフルの優位点は、その軽量さと命中精度にあるが、現代戦では命中精度が必ずしも軍用ライフルの最重要性能でないことも本書で明らかにされている。詳しくは本文を読んでいただこう。

　本書の中には、小口径高速弾薬と中口径弾薬の長所と短所についてもわかりやすく記述されている。

　本書を読み進めるうちに私自身に関わりのある一節が出てきた。故ミハエル・カラシニコフ氏が初めてアメリカを訪問した時の話だ。

　このころ私は、カメラマンの神保照史氏とともにワシントンD.C.にあるスミソニアン博物館のアメリカンヘリテージ・ミリタリー・ヒストリー・セクションで、倉庫に保管されている銃砲の調査・研究をしていた。われわれをスミソニアン博物館に招いてくれたのは、本書に出てくる小火器専門家の故エドワード・C・イーゼル博士だった。

AK-47ライフルの開発者ミハエル・カラシニコフ氏（左）とM16ライフルの開発者ユージン・ストーナー氏とともに写真に収まる筆者。1990年撮影（Jimbo）

　当時イーゼル博士は、スミソニアン博物館のために、20世紀の重要な小火器開発者の証言をビデオで撮影・記録するプロジェクトを進めていた。その中の重要な小火器開発者の1人がミハエル・カラシニコフ氏で、M16ライフルの開発者である故ユージン・ストーナー氏とともにウエストバージニア州の射撃クラブでビデオ証言を記録した。このカラシニコフ氏のアメリカ訪問プロジェクトは、さまざまな圧力が加えられる可能性があったため、極秘のうちに進められ、彼が帰国するまでごく限られた人々に知らされただけだった。

幸いなことに私と神保氏は、この限られたメンバーの一員として
してカラシニコフ氏のアメリカ滞在中ずっと同行が許され、写
真撮影を担当することになった (24ページ写真参照) 。

　この訪問が縁となって、その後ロシアのカラシニコフ・ライ
フルの生産拠点イジェブスク市などを何回か訪問することにな
った。

　カラシニコフ氏、ストーナー氏、イーゼル博士が物故した今
となっては再現することが不可能な銃砲研究者として最良の時
間だった。

デュッセルドルフにて

床井雅美

訳者あとがき

　AK-47アサルト・ライフルはいちど見たら忘れない。直線的な本体から30発バナナ・マガジンが禍々しく突き出た姿は、銃器に興味がない人でも知っている。

　1949年に登場して以来、派生型と軽機関銃バージョンを含めると生産総数は１億挺に達する。もちろん史上最多で、２位につけるM16ライフルの800万挺を大きく引き離している。

　AKシリーズが現在もっとも広範に使用されているアサルト・ライフルであることは、万人が認めるところだろう。

　カラシニコフ・ライフルとの出会いは約30年前。新米少尉の私は、米陸軍武器学校で仮想敵ソ連の小火器取り扱いを習っていた。「見るからに凶悪なアサルト・ライフル」という印象だったが、これは当時、ほとんどのアメリカ人が持っていた。共産主義のシンボルAK-47ライフルは、ウエスタン映画で悪玉を示す黒いカーボーイ・ハットと似通った存在だった。

　後年、国防総省外国語学校で東欧出身の教授らと懇意になり、AKライフルに対する同僚たちの感情がまったく正反対であることを知った。

　若いころ義務兵役でAKライフルを使った彼らにとって、カラシニコフは盟邦ソビエトから供与された「祖国を守るための武器」という位置づけだったのだ。友人たちが異口同音に

「M16ライフルにまさる」と評価するAKライフルに、銃好きの私は好奇心をかき立てられた。にもかかわらず、AKライフルを所持したことはなかった。2001年の9・11同時多発テロを皮切りに頻発したテロが原因だ。ひざまずかせた人質を前に、身勝手な主張を繰り返す覆面姿の男らが手にしていたのはAKライフル。「テロリストの武器は要らない」と感じたのだ。

　しかし、本書『AK-47ライフル』の翻訳を通じ、カラシニコフに対する偏見は一掃された。本格的アサルト・ライフルの嚆矢となったAK-47ライフルとは、テロのための銃ではない。東部戦線に一介の戦車兵として参戦し負傷したミハエル・カラシニコフが、ナチスドイツをロシア本土から駆逐し、祖国を防衛する目的で生み出した武器だったのだ。

　本書の際立った特徴のひとつは、AKライフルをめぐる意外かつヒューマンな側面が、数々のエピソードを通じて浮き彫りにされていることだ。初期のアサルト・ライフルに日本の6.5mm×50SR弾薬（アリサカ弾薬）が使われていた事実や、ドイツの著名な小火器デザイナー、ヒューゴー・シュマイザーがAKライフル開発に関わっていた史実に読者は新鮮な驚きを感じるはずだ。

　カラシニコフの人となりを示す逸話にも事欠かない。生みの親の意図とは関係なく、冷戦を通じAK-47ライフルは反西欧・反資本主義のシンボルとなり、ソ連以外の軍隊や何百というゲリラ、反政府グループ、民兵組織、テロリスト集団、そして犯罪組織の手に渡った。自らの発明品で夥しい数の人命が失われた事実に直面し、カラシニコフは沈痛に弁明する。

発明が引き起こした破壊に関し、発明者は無関係だ。武器自体が人を殺傷することはない。それは使う人々の判断であり、責任だ。繰り返すが、私は人々が殺し合うためにAK-47ライフルを作ったのではない……だが、できることなら、私はむしろ、人々や農民が日々使う道具を発明したかった。たとえば芝刈り機のような……。

　AKライフルの構造や火力、運用法に関しても、ベトナムでの実戦体験をもつ著者ゴードン・ロットマンの解説は分かりやすい。たとえばAK-47ライフルとM16ライフルの対比を通じ、東西陣営の異なる小火器思想と戦術に言及しているが、戦場でこの両方を使い、ときには銃口を向けまた向けられた元グリーンベレーの主張には説得力がともなう。
　AKライフルが世界の文化に及ぼした影響への考察も興味深い。これまでの武器マニュアルでは触れられることがなかったが、アフリカ、中東、中央アジアの諸国で「カラシニコフ・カルチャー」と呼ばれる耳慣れない現象が起きている。AKライフルが引き起こしたこの通過儀礼と、少年・少女兵が蔓延する海外の実態にも読者は目を見張るに違いない。

　ちなみにミハエル・カラシニコフはソ連時代、AK-47ライフルの設計者として一銭も私利を得ていない。貧困と紙一重の年金生活にも、不平ひとつ漏らさなかった。母国ロシアへの献身が誇りだったからだ。
　カラシニコフの私欲や地位とは無縁の職人気質を知り、私は

彼の発明品にも好感を持つようになった。翻訳資料の口実で、セルビア（旧ユーゴスラビア）製のAKM派生型であるM70を手に入れた所以だ。翻訳と並行し、内部メカや作動方式に親しむため分解・結合を繰り返した。射撃場へも頻繁に足を運んだ。使用後の掃除を繰り返すうち手に馴染み、徐々に「禍々しい」とか「凶暴な」という感情が薄れていった。ふと、カラシニコフの弁明が蘇った。

　　武器自体が人を殺傷するのではなく、それは使う人々の判断であり責任だ。

　本書読了後、読者が感じていただろうAK-47ライフルの悪役イメージが少しでも解消されれば、訳者にとってこれほど報われることはない。

　本書はオスプレイ・ウェポン・シリーズの第2作目である。銃器研究の世界的権威、床井雅美氏とのコラボ第2弾でもある。日本語版の内容が技術的に正確なのは、氏の学術的インプットのおかげが大きいことを付け加えておく。

アリゾナ州ハーフォードにて

加藤　喬

THE AK-47　Kalashnikov-series assault rifles
Osprey Weapon Series 8
Author　Gordon L. Rottman
Illustrator　Johnny Shumate, Alan Gilliland
Copyright © 2011 Osprey Publishing Ltd. All rights reserved.
This translation published by Namiki Shobo by arrangement
with Osprey Publishing, an imprint of Bloomsbury Publishing
PLC, through Japan UNI Agency Inc., Tokyo.

ゴードン・ロットマン（Gordon L. Rottman）
1967年に米陸軍入隊後、特殊部隊「グリーンベレー」を志願し、各国の重・軽
火器に精通する兵器担当となる。1969年から70年まで第5特殊部隊群の一員と
してベトナム戦争に従軍。その後も空挺歩兵、長距離偵察パトロール、情報関
連任務などにつき、退役時の軍歴は26年に及ぶ。統合即応訓練センターでは、
特殊作戦部隊向けシナリオ製作を12年間担当。著書にオスプレイ・ウエポンシ
リーズの『M16』『AK-47』『ブローニング.50口径重機関銃』など多数。

床井雅美（とこい・まさみ）
東京生まれ。デュッセルドルフ（ドイツ）と東京に事務所を持ち、軍用兵器の
取材を長年つづける。とくに陸戦兵器の研究には定評があり、世界的権威とし
て知られる。主な著書に『世界の小火器』（ゴマ書房）、ピクトリアルIDシリー
ズ『最新ピストル図鑑』『ベレッタ・ストーリー』『最新マシンガン図鑑』（徳
間文庫）、『メカブックス・現代ピストル』『メカブックス・ピストル弾薬事
典』『最新軍用銃事典』（並木書房）など多数。

加藤　喬（かとう・たかし）
元米陸軍大尉。都立新宿高校卒業後、1979年に渡米。アラスカ州立大学フェア
バンクス校ほかで学ぶ。88年空挺学校を卒業。91年湾岸戦争「砂漠の嵐」作戦
に参加。米国防総省外国語学校日本語学部准教授（2014年7月退官）。著訳書
『ＬＴ』（TBSブリタニカ）、『名誉除隊』『アメリカンポリス400の真実！』『ガ
ントリビア99』『M16ライフル』『MP5サブマシンガン（近刊）』（並木書房）

AK-47ライフル
―最強のアサルト・ライフル―

2018年 2 月 5 日　印刷
2018年 2 月10日　発行

著　者　ゴードン・ロットマン
監訳者　床井雅美
訳　者　加藤　喬
発行者　奈須田若仁
発行所　並木書房
〒104-0061東京都中央区銀座1-4-6
電話(03)3561-7062　fax(03)3561-7097
http://www.namiki-shobo.co.jp
印刷製本　モリモト印刷
ISBN978-4-89063-370-8